前言

我们知道成大事必须有明确的目标，必须有果断的行动，必须有不倦的求知精神，必须有坚强的自信，必须有正确的思维，必须有健康的体魄……这些早已广为人知。但是单单具备这些尚不足以成大事，成大事还需要你藏点“心机”，擅长与人合作，制造成大事的“靠山”；还需懂点“谋略”，编织成大事的“人脉网”；还要需善于韬光养晦、隐中求胜。

这是一个竞争的时代，优胜劣汰适者生存。如果你一心只知读“圣贤”书，两耳却不闻窗外“事”，那么你也只不过徒有满腹经纶而无所用；如果你一味老实耿直，不懂应变之道，那么你也只能处处碰壁，逃脱不了平庸的魔掌；如果你素来争强好胜，百折不弯，不懂屈伸进退，那么你也只能吃亏在后，赔了夫人又折兵；如果你总是心直口快，不加掩饰，不知用晦于明、藏巧于拙，那么你也只能聪明反被聪明误，搬石头砸自己的脚。凡此种种，都是成大事的大忌。

要成大事，除了真才实学，还需适当的虚“招”假“式”；除了积极勤奋，还需点藏“拙”之工；除了实话实说，还需点语言技巧；除了逆耳忠言，还需点恭顺。总之，光明大道，按部就班可成大事，适时地走一走“另类通道”“独辟蹊径”也能收到意想不到的效果，甚至会事半功倍，何乐而不为？

言归正传我们知道“潜”是“隐藏”的意思,以上所说的即是成大事的隐藏的绝招。本书即从“潜”字入手,罗列了成大事的八条潜规则:

一、自我修炼是成大事的前提;

二、暗藏“心机”,寻找成大事的“靠山”;

三、取人脉存折,编织成大事的关系网;

四、能屈能伸,成大事的“弹簧”之道;

五、洞察人心,攻“心”为上成大事;

六、善用策略,从说话中寻找成大事的突破口;

七、巧施“心计”,“贪”机遇成大事;

八、韬光养晦,成大事“隐”中有招。

本书读来引人入胜,让人回味无穷,重要的是它将为你指点生活和事业的迷津,引领你迈入大事者之列。

叔　春　(北大教授)

2005 年 2 月

没人明说，但你必须知道的生存法则

商道

——成大事必懂的——

8条潜规则

8

8

革文军　编著

“为什么有人三年逆袭
有人十年原地踏步？
不是能力问题
是你不懂这些‘隐形规则’。”

中国纺织出版社有限公司 | 国家一级出版社
全国百佳图书出版单位

图书在版编目(CIP)数据

商道——成大事必懂的8条潜规则/革文军编著. —北京:中国纺织出版社,2004.12 (2025.6重印)

ISBN 978-7-5064-3261-0

Ⅰ. 成... Ⅱ. 革.... Ⅲ. 成功心理学—通俗读物

Ⅳ. B848.4

中国版本图书馆CIP数据核字(2004)第128770号

选题策划:梅朝荣　　责任编辑:梅朝荣

责任印制:初全贵

中国纺织出版社出版发行

地址:北京东直门南大街6号　　邮政编码:100027

电话:0101—64160816　　传真:010—64168226

http://www.c-textilep.com

E-mail:faxing@C-textilep.com

三河市兴达印务有限公司印刷

各地新华书店经销

2005年2月第1版　　2025年6月第2次印刷

开本:1/16　印张:18.75

字数:300千字　定价: 59.80元

目 录

潜规则一
自我修炼，练好内功能抗大压

成大事是每个人梦寐以求的，但在此之前，你须先以成大事的名义进行自我修炼。自我修炼包括品质、习惯、性格、心态、修养等多个方面的修炼。因为良好的品质、完美的习惯、健全的性格、积极的心态、儒雅的修养等都是你成大事的铺路石。相反，那些恶劣的品质、不良的习惯、缺陷的性格、消极的心态等对你成大事有百害而无一益。所以，要成大事必先从自我修炼开始，提升自我，为迎接明天的辉煌作最充分的准备！

潜规则二

寻找“靠山”,暗藏“心机”看准人

所谓“心机”就是做事的谋略,有人说现代社会是一张网,一张无边无际、硕大无比的网。我们每个人都是这张网中的一个小小的结点。纵观这张“网”中的成大事者都有一个共同特点,那就是“心机”慎密。他们善于“慧眼识才”结交对自己成大事有益的人,他们擅长与人合作,最终达到自己的目的,他们还精通社交之道,轻易获得别人的鼎力相助。一个人的能力终归是有限的,要成大事就不得不去寻找一些“靠山”,让他们在关键时刻助你一臂之力!

潜规则三

取人脉存折，编织左右关系网

心理学家说"逢迎"是人性的内在需要,"逢迎"对世间之人没有不受用的,恰到好处的"逢迎他人"会让你大受欢迎,从而为成大事织下一张结实而耐用的关系网。由此看来,"逢迎他人"是成大事路上必备的武器,有了它,不仅会让你在生活中游刃有余,畅通无阻,而且会让你在事业上平步青云,轻而易举抵达成功之巅。

目　录

The Concealed Rules

潜规则四

能屈能伸，成大事的“弹簧”之道

生活中难免有不如意的地方，这时候你不妨把生命弯成一张弓，弯成一张能屈能伸弹性极佳的弓，以平和的心态，坚韧的性格去坦然面对一切。经历风雨、经历阴暗，饱尝挫折、饱尝磨难，其实这都是在为你成大事储备必要的资源。以蟑螂为例，蟑螂和恐龙是同时期的昆虫，可是恐龙早已绝迹，而蟑螂存活至今，并且大量繁衍。因为蟑螂墙缝里可活、壁橱里可活、阴沟里也可活。作为一个人，若是在最黑暗的时刻、最卑贱的时刻、最痛苦的时刻也能像蟑螂一样能屈能伸，以屈求伸地活下来，那么还有什么大事不能成就呢?

潜规则五

洞察人心，攻“心”为上成大事

“好风凭借力”，成大事若善于借助外力定如顺风行船，可轻松到达目的地。现代社会早已不是单枪匹马闯天下的时代了，这个时代需要你从了解别人的内心入手，捷足先登，以最快的速度实现自己的目标。虽然人心难测，但是只要你善于察言观色，做“有心”之人，洞悉别人的心理，掌握别人的所思所想并不难，更重要的是可借助此招，实施攻“心”战术，先入为主，进而为成就大事打下坚实的基础。

潜 规 则 六

巧舌如簧，从说话中寻找突破口

一个会说话的人比一个不会说话的人更容易成大事。也许有人会反驳说:“我从蹒跚起步时就开始学说话,难道还不会说话不成?”的确,我们每天都在说话,但是要成大事你还有必要掌握一些说话的技巧和策略。

潜规则七

巧施“心计”，“贪”机遇成大事

很多人之所以平庸一生无所作为，往往是因为他们由于种种原因而错失了许多成大事的机会。凭你多大的勇气，凭你多勤勉的实干精神，凭你多强烈的进取精神，没有机会的配合，你也难成大事。机不可失，时不再来，哪怕是一个只有万分之一可能的机会，也有可能成为促使你成就大事的机缘。又加上机会的时效性很强，犹如白驹过隙，稍纵即逝。所以，要成大事，必须果断出击，在机会到来时，及时抓住它，借机会之力成就辉煌。

潜 规 则 八

韬光养晦，成大事大智若愚

聪明是一笔巨大的财富，也是成大事的最大资本。真正的聪明不是居功自傲、自以为是的张扬，而是深藏不露、韬光养晦的明智。《阴符经》说："性有巧拙，可以伏藏。"它告诉我们，善于伏藏是制胜的关键，一个不懂得伏藏的人，即使能力再强，智商再高也难以战胜对手。同样一个不懂得韬光养晦、藏巧于拙的人，往往因锋芒毕露、大愚若智而最终难成大事，甚至还会引来祸端。

潜规则一：自我修炼
练好内功能抗大压

成大事是每个人梦寐以求的，但在此之前，你须先以成大事的名义进行自我修炼。自我修炼包括品质、习惯、性格、心态、修养等多个方面的修炼。因为良好的品质、完美的习惯、健全的性格、积极的心态、儒雅的修养等都是你成大事的铺路石。相反，那些恶劣的品质、不良的习惯、缺陷的性格、消极的心态等对你成大事有百害而无一益。所以，要成大事必先从自我修炼开始，提升自我，为迎接明天的辉煌做最充分的准备！

一、品德是成大事的首要因素

品德被称为心灵之根本。品德由种种原则和价值观组成，给你的生命赋予方向、意义、内涵。品德构成你的良知，使你明白事理，而非只根据法律或行为守则去判断是非。正直、诚实、勇敢、公正、慷慨等品德，在我们面临重要抉择之时便成为我们能否成大事的首要因素。

许多人认为，成大事靠天资、活力、人缘，而历史却教育我们：长远来看“真正自我”比“人家眼中的我”来得更重要。

美国建国的头150年，几乎所有关于成就大事的人的故事，都着眼于当事人的德行。杰出人物像富兰克林和杰弗逊都明确强调：人生须以品德为本，才能有真正的成就和满足。

“正人先正己”是很多成大事之人的为人守则，注重自身修养，以身作则，以德服人，也正是很多成大事之人的处世之道。不管我们是已成为成大事之人，或正向成大事的方向努力，“正己”应是我们所应遵循的首要原则。

在历史上被称为大治史话的“文景之治”的汉文帝、汉景帝，也都是以身垂范的楷模。他们曾先后亲自下田耕作，为天下先，在生活方面也尽量节俭，不作无谓的铺张浪费。甚至文帝对死后的陵墓造制都写有遗诏：“治灞陵皆瓦器，不得以金银铜锡为饰，因其山，不起坟”；“原葬以破业，重服以伤生，我甚不取。”如此自树典范，才有了“文景之治”，使之“国泰民安”，安居乐业的百姓也才有了万众一心的凝聚力。

唐太宗李世民对“德行”和“表率”有充分认识：“若治天下，必先正其身，未有身正而影曲，上治而下乱者也。”唐太宗是“贞观之治”的主导者，如果没有太宗自己的“严于律己”的态度，“贞观之治”从何谈

起。

唐太宗李世民和汉文景都可称为以德服人的有道君王。

纵观古今中外的诸多商业巨子，成大事的首要因素就是严格要求自己，给属下树形象、做楷模，使得各级上行下效，形成团队精神，以求进步。领导的示范作用力量有多大，由此可见一斑。

在现代的管理学和领导中，很多的事例里都提到了表率和领导的成大事方略，其中最重要的一个方面就是领导的以身作则和示范作用，员工和被领导者都是有自己的思想的，他们在为事业拼搏的同时，也正在观察着领导者的一举一动，领导的每个举动，都关系着员工的切身利益，谁都不愿将自己的劳动价值去交给那些庸俗无德的人管理和利用。

而只有那些善于以身作则，严于要求自己的人才能打造上下统一，一呼百应的良好局面，进而成就辉煌伟业。

注重道德，以正其身，在灯红酒绿的现代生活模式里，有很多小富即稍有成就者便抵挡不住诱惑而丧失操守，道德沦丧，纷纷落水，这些不得不引起渴望成大事者的注意。

修身不拘年龄，随时可以开始，要诀是知晓推己及人。从推己及人的观点而言，须先取得小我的胜利才有大我的胜利。信守对自己和对别人的承诺，即是小我胜利。这一类的承诺看似微不足道，却是我们日常生活时刻要面对的种种抉择。修身的第一步是勇于面对抉择，打定了主意便要坚持下去。日复一日，你越来越能信守承诺，你的“品德账户”信用“存款”也就越来越多。开始时大费气力的事，渐渐就成了习惯。如果你能从生活小事中修养自己的品德，将来就更有打造应付大事的毅力。

恪守承诺需要学会耐心等待。例如：大多数人因不达目的苦恼时，多是他们求胜心切所至。他们忘记了好东西最终会属于那些有耐心和毅力的人。

一位年轻的客户在拉走货物后，保管清理库单时发现他多拉走了

两件货，经理得知后，并没有在当时派人追寻年轻人，因为他相信，年轻人会回来的，果然在第二天，年轻人就来到公司说明：由于搬运工的大意多装了两件货，他将在下次提货时给捎回来。

保管员问经理："您如何能知道他会退回多拉走的货呢？""我看到了他诚实的眼光，"经理说："我到商场这么多年，能读懂他眼里的真诚，而且这个年轻人将来一定会成就一番大事业。我虽不知道他的任何信息，但他那双坦诚而直率的眼睛告诉我，他是个值得信赖的人。"

这位年轻人就是成功人士拿破仑·希尔，而那位经理就是希尔的事业导师安德鲁·卡耐基。

由此可见，良好的品德的确是成大事的铺路石。

【点 评】

一个人成大事的标志不在于他获得了多少财富，也不在于他做了多大的官，而最主要的是一个人的品德修养。

一、练好"忍"字功

在成大事者的眼中，任何委屈都不足以让人心灰意冷，相反更能鼓舞士气，激发一定要成大事的欲望。

在成大事的过程中，一个人难免会有受委屈的时候，而如何以柔克刚，尽显本色，则是值得我们学习的。一个人能否成大事，就看他能否以一种良好的习惯来控制自己，是否能够以柔克刚。

能忍一时的委屈，才会有将来的成绩。

唐代武则天专权时，为了给自己当皇帝扫清道路，先后重用了武三思、武承嗣、来俊臣、周兴等一批酷吏。她以严刑峻法、奖励告密等手段，实行高压统治，对抱有反抗意图的李唐宗室、贵族和官僚进行严

厉的镇压，先后杀害李唐宗室达数百人，接着又杀了大臣数百家；至于所杀的中下层官吏，就多得无法统计。武则天曾下令在都城洛阳四门设置“匦”（即意见箱）接受告密文书。对于告密者，任何管员都不得询问，告密核实后，对告密者封官赐禄；告密失实，并不反坐。这样一来，告密之风大兴，不幸被株连者上千万，朝野上下，人人自危。

一次，酷史来俊臣诬陷平章事狄仁杰等人有谋反行为。来俊臣出其不意地先将狄仁杰逮捕入狱，然后上书武则天，建议武则天降旨诱供，说什么如果罪犯承认谋反，可以减刑免死。狄仁杰突然遭到监禁，既来不及与家里人通气，也没有机会面见武则天说明事实，心中不由焦急万分。审讯的日子到了，来俊臣在大堂上读武后的诏书，就见狄仁杰已伏地告饶。他趴在地上一个劲地磕头，嘴里还不停地说：“罪臣该死，罪臣该死！大周革命使得万物更新，我仍坚持做唐室的旧臣，理应受诛。”狄仁杰不打自招的这一手，反倒使来俊臣弄不懂他到底唱的是哪一出戏了。既然狄仁杰已经招供，来俊臣将计就计，判他个“谋反是实”，免去死罪，听候发落。

来俊臣退堂后，坐在一旁的判官王德寿悄悄地对狄仁杰说：“你也要再诬告几个人，如果能把平章事杨执柔等几个人牵扯进来，就可以减轻你的罪行。”狄仁杰听后，感慨地说：“皇天在上，后土在下，我既没有干这样的事，更与别人无关，怎能再加害他人？”说完一头向大堂中央的顶柱撞去，顿时血流满面。王德寿见状，吓得急忙上前将狄仁杰扶起，送到旁边的厢房里休息，又赶紧处理柱子上和地上的血渍。狄仁杰见王德寿出去了，急忙从袖中抽出手绢，蘸着身上的血，将自己的冤屈都写在上面，写好后，又将棉衣撕开，把状子藏了进去。一会儿，王德寿进来了，见狄仁杰一切正常，这才放下心来。

狄仁杰对王德寿说：“天气这么热了，烦请您将我的这件棉衣带出去，交给我家里人，让他们将棉絮拆了洗洗，再给我送来。”王德寿答应了他的要求。狄仁杰的儿子接到棉衣，听到父亲要他将棉絮拆了，就想：这里面一定有文章。他送走王德寿后，急忙将棉衣拆开，看了血

书，才知道父亲遭人诬陷。他几经周折，托人将状子递到武则天那里，武则天看后，弄不清到底是怎么回事，就派人把来俊臣叫来询问。来俊臣做贼心虚，一听说太后要召见他，知道事情不好，急忙找人伪造了一张狄仁杰的“谢死表”奏上，并编造了一大堆谎话，将武则天应付过去。

又过了一段时间，曾被来俊臣妄杀的平章事乐思晦的儿子也出来替父伸冤，并得到武则天的召见。他在回答武则天的询问后说：“现在我父亲已死了，人死不能复生，但可惜的是太后的法律却被来俊臣等人给玩弄了。如果太后不相信我说的话，可以吩咐一个忠厚清廉、您平时信赖的朝臣假造一篇某人谋反的状子，交给来俊臣处理，我敢担保，在他残酷的刑讯下，那人没有不承认的。”武则天听了这话，稍稍有些醒悟，不由想起狄仁杰一案，忙把狄仁杰召来，不解地问道：“你既然有冤，为何又承认谋反呢?”狄仁杰回答说：“我若不承认，可能早死于严刑酷法了。”武则天又问：“那你为什么又写‘谢死表’上奏呢?”狄仁杰断然否认说：“根本没这事，请太后明察。”武则天拿出“谢死表”核对了狄仁杰的笔迹，发觉完全不同，才知道是来俊臣从中做了手脚。于是，下令将狄仁杰释放。

这是一个典型的以柔克刚、忍一时委屈、而最终达到目的的例子。狄仁杰的做法告诉我们，有时候以“忍”为武器与对手周旋，是斗争中的良策，相反以硬碰硬，会让自己吃大亏，这样做无论从哪方面都是不明智的。欲成大事者一定要记住这一点，在事业的开创中，以此为鉴，学会耐住委屈的习惯，记住柔亦可克刚。

【点　评】

忍人所不能忍，需要一个人的勇气和毅力，需要一个人拥有良好的宽容与忍让的习惯和作风，同时，更需要一种成功者的大家风范。一个人要成大事，这种习惯和作风是必不可少的，唯有如此，才会在关键时刻显出英雄宽宏大量的气魄和魅力。

三、养成独立生活的习惯

独立生活是成大事者的典型特征。你要想成大事，必须这样做！

你有没有独立自主的习惯，从你的生活方式中，就可以看出，你要学着独立去生活，自主地去做些事情，因为一个成大事者是不会在生活中依赖他人的。

当你作为一个生命呱呱坠地，可能就已经习惯了父母的呵护与抚养：饥饿、寒冷、病痛、挫折……似乎都有人在为你遮挡。而现在，你长大了，步入了社会，走向了你自己的生活，你是否想过：你能生存吗？你能适应社会吗？你能活得很好吗？从这一刻开始，你的精神支柱就是你自己，只有你才能对你自己负责！

安杰谈起他在美国的一段经历：那时他为了16岁的儿子能够成才，狠下心来，送儿子到一所远离住家却十分有名的学校去念书。那个稚气未脱的小伙子每天都需要转三站公共汽车，换两次地铁，穿越纽约最豪华和最肮脏的两个街区，历时三个多小时。而纽约的地铁又是世界上最乱最不安全的地方之一。每天都有抢劫、强奸、甚至杀人的事件发生。为什么安杰会为儿子作出如此的选择。

一方面固然因为儿子考上了世界的名校，另一方向更是为了培养儿子独立生存的能力。在美国，16岁的孩子应该是具有独立人格和精神的。安杰始终认为：在人生的旅途上，每个人都要经历这一关，都要穿越这样的危险地带，否则就难以在这错综复杂、险象横生的环境中生存下去。他告诉儿子说：人生的道路是更危险的，因为人生只有去，没有回，走的是只能走一次的路线，而每一步跨出去都是自己不曾熟悉的道路，若一步稍有不慎，你的整个人生都将遭到打击或挫折。所

以他在给儿子的信中着重写道："年轻人，你渐渐会发现，当你个人独行的时候，会变得格外聪明，当你离开父母的时候，你才会知道父母是对的。"所以，一个欲成大事者应该养成独立生活的习惯，并且用这种习惯去面对世界，面对生活中的一切。

也许，你会遇到一些问题：觉得社会太黑暗，抱怨别人太势利，感受了人世间的冷暖之后，你变得孤独，寂寞，总有许许多多不能名状的情绪要发泄。这时，你应该想一想：这是为什么？其实，你只是在潜意识里认为自己只不过是一个"孩子"，一个外表成熟而内心却需要扶持的孩子。也就是说，你还没有独立，不能独自承担责任。所以你活得不顺心、不积极，没有做好自己该做的事，没有找准自己的位置。

我们活在这个世上，不能没有独立。而这需要靠你自己来完成，因为你自身就是你自己的生存环境之一，你才是你自己的主人。鲁迅先生的故事不知被多少人传诵：鲁迅小时候，由于家道的败落和父亲的病情，使还是孩子的鲁迅过早地承担起了家庭的重担，他不仅要学习，还要每天往返于药店与当铺之间，去为生活奔波。可即便如此，他还是不忘自强不息地奋斗。一次，由于上学迟到，老师对他加以批评，鲁迅从此在自己的书桌上刻上了一个"早"字，这不仅仅是对自己的提醒，更是一个人人生观的体现：自立、自强。

当一个人独立了，放弃了依赖性的时候，当一个人真正为自己负责的时候，他就会变得无比强大。养成独立生活的习惯，是你成大事的第一步。

一个女孩子可能是很柔弱的，但当她成为一个母亲之后，当她必须为生活而奔波的时候，她的身上将因为自己的责任而迸发出无比强大的力量，这就是独立的强大。社会需要坚强自立的人，任何人都不愿意与一个软弱无力，随时会倒在自己身上的人呆在一起。只有你能为自己负责了，你才可能更多地得到别人的帮助。你自己就是你自己，这毋庸置疑。在这个世界，没有人会陪你一生一世，我们每个人都需要学会独立地生活。

一个娇生惯养、从来没有出过远门的孩子，要想迅速地成熟起来，最好的方法是让他远离父母，去过独立的生活。正如一个婴儿，只有当他挣脱了双亲扶持的双手，自己一步一步地向前迈进，我们才会惊喜地叫道：宝宝会走了。

在我们生活的环境中，社会的进步使人与人之间的关系出现了异化，每个人的头脑中都充满了智慧，又都有一副适应自己人生经验的“如意算盘”。然而，在课堂上、书本中和家庭里谁也无法教会你如何自如地处理各种复杂的社会关系、人际关系和利害关系，如何克服自身的惰性和弱点，以一个成熟者的目光来审视世界上的一切。只有独立地去面对、去体验，才会获得这些知识。

每个人都可能有这样的经验，被一位朋友领着穿过几条不曾到过的小巷，去一个陌生的地方，第二次自己来时，竟然无法辨认上次走过的路。只有按图索骥，走一路问一路，再来时我们才能十分肯定地找到要找的目标——这就是独立的境界。

独立的境界是美妙的，独立的习惯却是需要我们自己去学习和培养的。独立地面对社会、面对自然、面对你自己、面对生活。

独立的习惯是成大事者必备的素质之一。一个独立的人，他会坚守信仰，保持自我。只有这样，才能够在漫漫人生路上不迷失方向，才能为自己的人生涂上一道亮丽的色彩。

一个人若能在工作和生活中坚持自己的信仰，拒斥邪恶，保持自我真性情，玉洁冰清，不沾世俗的独立，是值得我们学习的。做人要独立，只有如此，才能思想自由，不断探索，才能使从事学术工作者解放思想，善于怀疑，富有创造性，且能埋头钻研，上下求索，以追求真理为宗旨，才能促进学术的发展与进步，才能在将来成就一番大事业。

【点　评】

一个人若是养成独立生活的习惯，拥有了独立的品格，也就拥有了成大事必备的一个条件。

四、勇敢承担责任

成就一番事业，仅养成独立的习惯还是远远不够的。要实现自治自立的成功人生，健康的情感和独立的手段固然重要，但是如果缺乏责任心的确立，成大事的人生目标还是无法实现。

有这样一个故事，是陶冶情操的一个例子，从中我们可以受到启发。

有一段日子里，一位名叫戈登的人感到人生乏味，自己灵感枯竭，意志消沉，并且愈来愈重，他只好去看医生。医生在对他身体做了全面检查后，并没发现任何异常。于是医生便建议他出去做一次旅行，到他少年时代最喜爱的地方去度一次假。度假期间，不要说话、读书、写作以及听收音机。然后医生给他开了四张处方，吩咐他分别在度假那天的上午 9 点、12 点、下午 3 点和 6 点打开。

戈登依据医生的吩咐到了心爱的海滩，上午 9 点准时打开第一张处方，上面写着“仔细聆听”。他当时就懵了，医生难道疯了？让我连坐三个小时？但他还是试着按医生的吩咐耐心地四下倾听。他听到海浪声、鸟声，不久又听到许多从前未注意的声音，他一边聆听，一边想起小时候大海教给他的耐心、新生以及万物息息相关等观念，他逐渐听到往日那熟悉的声音，也听出沉寂，心中逐渐平静下来。

中午，他打开第二张处方，上面写着“设法回顾”。于是他开始从记忆里挖掘点点滴滴的快乐往事，想起那些细节，心中渐渐升起一种温暖的感觉。

第三张处方上写着“检讨动机”。这比较难以办到，因为起先，人都要为自己的行为辩护，在追求成功、受人肯定与安全感的驱使下，他

不得不采取某些举动。可最后仔细想想，这些动机并不完全恰当，这也许正是他陷入低潮的原因。回顾过去愉快满足的生活，他终于找到了答案。于是他写下了下面的话：

我突然顿悟到，动机不正，诸事便不顺。不论邮差、美发师、保险推销员或家庭主妇，只要自认是为他人服务，都能把工作做好。若是为私利，就不能取得成功。

第四张处方上写着“把忧愁写在沙上。”他俯身用贝壳碎片写了几个字，然后转身离去，甚至连头也不回，因为他知道，潮水马上会涌上来。

只要我们洗涤掉心中的尘埃，培养高尚的情操。只要我们把人生的意义和目标弄清楚，它就会像一座灯塔，指引着我们前进的方向。一个对自己对社会对家庭负责的人，是不会让心灵蒙上尘埃的，一个对未来充满希望的人定是一个对自己负责的人。他们不停地学习，用知识拂去心灵的尘埃，用知识点亮灯塔的明灯。因为他们懂得一个人需要不停地学习培养自己的责任心。下面我们将从以下三个方面来谈论这个问题：

(1)对自己负责

承担责任，是人所必备的素质之一。我们面临的责任是众多的，第一个就是要对自己负责。只有对自己负责，使自己有一颗独立的责任心，才可能承担起其他的责任。

培养责任心的第一步是对自己负责，也许有人会对这种说法很不以为然，难道我们还有谁傻到对自己不管不问吗？仔细想一想，这确实不是危言耸听。对自己不负责任的人大有人在，不是有许多人一直无所事事，从不严格要求自己，放任自流以至于一事无成吗？所以从广泛意义上来说，那些具备了自治自立能力而最终仍以失败告终的人基本上都是对自己不负责任的人。进一步讲，一个对自己都没尽到责任的人，又怎么能对家人对社会尽到责任呢？

我们应该认识到这一点，并且做好准备，成为一个能够承担责任，

敢于面对责任的人。健康的身体、高尚的情操、努力地学习，这些都是准备条件中必不可少的成员。

首先只有健康的身体，才会担得起责任的重担。保持一个健康的体魄，不仅在于一日三餐增加营养，多多休息，而且还应该多做运动积极锻炼身体。运动对于维持一个人的健康至关紧要，可是这往往被大多数人忽略了。

人都有惰性，在没有外界督促的情况下，人的惰性马上便暴露出来了。在年轻的时候，因为我们的身体还有点资本，所以许多人对参加锻炼不以为然。可是，一旦过了中年，当身体开始像破旧的机器一样开始出故障时，则大局已定，为时已晚。许多人称由于工作忙，根本抽不出空余时间锻炼身体，这显然是一个偷懒的借口，因为运动一不需要特定的场合，二不需要指定的器材，到运动场锻炼固然不错，可在家里照样也能舒展筋骨。我们应该摒弃这种懒惰的想法，保持健康的体魄，为将来的事业打下基础。

其次，高尚的情操可以培养我们锁定人生的坐标，确立人生的价值体系。我们要在生活中注意到这一点，不断陶冶自己的情操，使之高尚，升华。

再次，现实生活中有许多人一旦离开学校，就不再继续学习了。前几年，中央电视台做了一次调查，结果发现许多人家里根本没有买过什么新书，书架上放的几乎全是在校学习期间的课本。这反映了一个事实：上班后人们不再阅读一些严肃的书，不在工作之外求知，往往把时间浪费在闲聊与看电视上。

这并不是说我们不应该有学习以外的其他事情，而是要求我们多学习一些东西，我们应该学一些工作之外的新东西，以增强自己的综合能力。这样才能在这种激烈竞争的社会中立于不败之地。

对自己负责，就应该不断提高自己适应社会的能力。唯有对自己负责的人才有可能对家人对社会负责，才会成为有责任心、有进取心、有成功心的人。所以要成大事，首先就要养成对自己负责的习惯。

(2)对家人负责

人只能对自己负责还不够，因为人是生活在家庭中、社会中的。一个能够对自己负责的人，还应该对生育、养育自己的家庭负责。从照顾未成年的弟弟妹妹，到赡养自己的长辈；从对自己孩子的抚养到忠于自己的妻子或丈夫，都一样重要。可以说，这是一个人做人的最起码道德标准，也是我们要独立面对的一类问题。

在物欲横流的今天，没有责任心的人是很容易丧失原则的。一个人是否能独立，是否能承担责任，是他能否成大事的一个检验标准。

现在的社会，节奏快了，众多的原因造成儿女们回家的次数越来越少了，家的概念越来越淡薄。面对这样的问题，我们在思考什么呢？难道说老人们的标准也在降低吗？从“要求被赡养”到“常回家看看”，这难道不值得我们深思吗？要勇于承担起自己应该承担的责任，成为一个真正独立的人。

(3)向社会负责

我们生活在一个人际互赖的社会里，我们从高度发达的社会里享受物质文明的丰硕成果。同样，社会也要求我们每个人尽自己的努力奉献自己的聪明才智，用当前较为流行的话说，就是要求我们要有“敬业精神”。这不仅仅是社会的要求，也是实现自治自立的一个重要标准。一个有责任心的人，他能够全身心投入事业，能够为社会做出自己的贡献。这时候，他是社会中的一员，他同时又是独立的一个人，因为他有着独立的人格。

只有那些热爱自己的事业，对自己追求的目标全身心投入的人，才会获得人生的成功。从一些简单的物理现象中我们就很容易理解这个道理。人生不就是如此，例如，在一般条件下，即使天气再热，阳光也不容易把东西给烤着。可是当我们拿一个凸透镜却可以轻而易举做到这一点。因为凸透镜把射来的阳光聚成了一个点，所以东西就会燃烧。

经验证明，只有那些勇于为事业付出代价的人，才有可能做出一

番大事业。企图投机取巧要小聪明的人最终会被自己的小聪明碰得头破血流。任何事业的成功都是要付出代价的，只有首先做出奉献，然后才会获得。

【点　评】

敢于面对人生路上的责任并承担它，这是一种极难得的品质。拥有这种品质的人，首先是个独立的人，其次是个能成大事的人。

五、不应忽视小处的修养

有些年轻人认为，做一番大事业便要轰轰烈烈，而不能拘泥于小节，殊不知，正是因为这些最易被人忽视的小事却成了引起祸患的根源。

生活中这样的例子比比皆是：

“挑战者号”航天飞机空中爆炸，宇航员命丧太空，是由于机身上一道焊缝没有焊好；几年前美国潜艇浮出水面时撞翻日本渔船，造成船毁人亡，原因是潜艇上的操作人员一个漫不经心的操作失误；日常生活中，有人从高层住宅上随手扔下一个酒瓶，结果将从楼下经过的行人砸死；一家度假村不在一种玻璃门上做警示标记，结果让奔跑的小孩一头撞上，受了重伤；世界上许多森林大火，也往往是有人乱扔烟头造成的……

由此看来，无论做什么，小处随便不得，正所谓“防微杜渐”。有些事，就算没有惹出大娄子，比如随地吐痰，随手丢一只空易拉罐，结果让人罚了几十元钱，从自私的角度讲，你说冤不冤？

有一个笑话，讲一位有心脏病的老者住楼下，楼上住一位小伙子。小伙子晚上回来时脚步重，动静大，老者总是听到：噔噔噔——上楼梯

了；咣当——开门了；哗哗哗——洗漱呢；最要命的是上床时脱皮鞋，先脱一只，一扔，咣！老者心一哆嗦。再脱另一只，一扔，咣！老者心再一哆嗦；这两哆嗦过了，才算安静下来，老者才能入睡。老者脾气好，一直忍着，可夜夜如此也受不了呀！这天，见了小伙子，老者就给小伙子说了，小伙子态度挺好，虚心接受。可到了夜里，老者听着那动静又来了——噔噔噔！咣当！哗哗哗！老者想，忍着吧，不就两声吗？咣！一声。老者等第二声，奇怪，怎么不响了？老者这个心悬哪，就等着第二声响过好入睡，等了一宿，愣没响——原来小伙子脱另一只鞋时，突然想起了老者白天提的意见，就轻轻地把鞋放在了地上……

这虽然只是个笑话，可却让人品味良久。现在的我们正处在城市化的进程中，过去的小胡同变成了大建筑。一二百户住一个楼，你小处随便，楼道里乱堆东西，夜里把电视机音量放到最大，从窗户往外随意扔垃圾，你觉得没什么，可别人怎么办？如果人人如此，岂不天下大乱了。

现今，人们一般从道德的角度劝人不要忽视小处的修养。今天，除了道德外，还有法制。一旦因为我们的"小过失"而引发了大祸，就会受到法律的制裁。

但是也有一些"小事"并不属于法律管辖的范围，甚至也谈不上是多严重的道德问题。比如，在地铁座位上跷二郎腿，让站着的乘客别扭；开会迟到；雨天开快车，溅行人一身水；打公用电话时煲电话粥，不顾后面有人等；消防队救火时的围观挡道；嚼完口香糖乱吐；在公共场合乱叫乱喊……这些举止，给他人添麻烦，惹他人不痛快，自己又怎能心安理得，毫无愧意？如果他人也如此待你，你作何感想？人人都这样"不拘小节"，社会哪还能有文明可言？

从小处，可以看到一个人的修养与品质，是做人的一个入口同时也是缺口。我们所做的许多"小"事实际上是在抵消别人的劳动成果。乱扔垃圾，环卫工人的劳动就白费了。围观看热闹，反给救火添乱，只会加大火灾损失。开会迟到，你耽误的是大家的时间，而在今天讲求

效率和守时的时代，你显然与之不合拍……。我们应该以彼为镜，检点自己做一个有品质的人。

【点 评】

一棵抵挡得住暴风雨侵袭的大树却倒在了小小啃噬下，同样胸怀大志的人也可能因为不注意小处的修养而最终一事无成。只有在微小之处不放纵自己，谨慎处之的人，才能成就大事，实现人生的目标。

六、宽以待人

古人说："江海所以能为百川王者，以其善下之也。""有容乃大。""惟宽可以容人，惟厚可以载物。""君子不责人所不及，不强人所不能，不苦人所不好。"从社会生活实践来看，宽容大度不仅是人在实际生活中不可缺少的素质，还是成大事的必备素质。

要想成就事业，首先要有宽以待人的处世原则。反之，一个以敌视的眼光看人，对周围的人戒备森严，心胸窄小，处处提防，不能宽大为怀的人，必然会因孤独而陷于忧郁和痛苦之中，一个宽宏大量，与人为善，宽容待人，能主动为他人着想，肯关心和帮助别人的人，肯定讨人喜欢，被人接纳，受人尊重，具有魅力，因而具有更多成大事的机会和资本。

蔡元培先生曾经对我们说过这样一席话："人家的毁誉，不必计较。"的确，在人生旅途上，人们经常会遇到毁誉问题。如何正确对待毁誉，反映了一个人的精神境界和道德修养水平。历来高尚的人都主张要注意个人品行和道德的修养，注意声誉。

一个人的名声往往容易毁于其他人的议论里。"人言可畏"，蔡元培先生主张用"不必计较"来对待毁坏人名声的"人言"，要求人们不

必把个人的名声看得过重。没有事实根据的人言，总是“腿短”的，不会长久站得住脚，毁人名声的人也许得逞于一时，但终会败露，一个人的品行是客观存在的，它最有说服力。俗语说：“身正不怕影子斜”，古人也说：“人言不足恤。”对待毁人名声的流言蜚语，无言是最好的轻蔑，“模糊”些可以省却许多解释和精力。对于那些无中生有、信口雌黄、不负责任的“人言”，只当耳旁风，就像鲁迅先生对待这种“人言”一样，连眼球都不转一转！“走自己的路”，用自己的行动将“人言”打个粉碎。还是蔡元培先生说得好：“是毁是誉，无甚价值，万勿因人毁誉而忧喜。”因“毁”而忧会失去信心，为“誉”而喜会停步不前。与其因毁而忧，不如自强不息，坚定信心，走自己的路；与其因誉而喜，不如谨慎谦虚，不骄不躁，更上一层楼。先哲们谆谆教诲我们不以己悲，不以物喜。是我们做人处世应该牢牢记住的。

宽以待人，就是在人际交往中有较强的相容度。相容就是宽厚、容忍，心胸宽广，忍耐性强。人们往往把宽广的胸怀比作大海，能广纳百川之细流，也不拒暴雨和冰雹；也有人把忍耐性比作弹簧，具有能伸能屈的韧性。有人说过这样一句话：“谁若想在困厄时得到援助，就应在平时待人以宽。”就是说，相容能接纳、团结更多的人，在顺利的时候共奋斗，在困难的时候共患难，进而增加成大事的力量，创造更多成大事的机会。反之，相容度低，则会使人疏远，减少合作力量，人为地增加成大事的阻力。

一个人若能宽以待人，在生活中养成将心比心，推己及人的做人做事的习惯，这样的人，肯定是受人尊敬和欢迎的。“己欲立而立人，己欲达而达人；己所不欲，勿施于人。”人同此心，心同此理，一件事情，你自己不能接受，不愿意做，别人也一定不愿接受、不愿意做。记住这些教诲是大有裨益的，它可以避免提出人们难以接受的要求，避免由此而来的难堪局面，推己及人，是以自己为标尺，衡量言行举止能否为人所接受，其依据是人同此心，心同此理。将心比心，设身处地，还可用角色互换的方法，假设自己站在对方的位置上，想想对一个行为或

言论的反映、感觉如何，理解他人，体谅他人。这样，便会自觉地宽以待人了。

唐代文学家韩愈说："古人君子，其责己也重以周，其待人也轻以约。"古代有修养的人，待人很宽厚，而要求自己则十分严格和全面。只有严于律己，才能更有感召力和吸引力。在工作中兢兢业业，一丝不苟，精益求精；在日常生活中，以礼待人，遵守信约，多为他人着想，遇到危险时勇敢无畏，挺身而出，发生摩擦冲突时主动退让。"礼让三分"，宽容让人。

【点　评】

宽容待人，是成大事者的风度，这种风度不是装出来的，而是发自灵魂深处的内在修养，是一种良好的习惯，水到渠成的表露。我们只有真正放开胸襟，做到宽容待人，才能成为取得成功桂冠上那颗宝石的人。

七、天道酬勤

鲁迅说得更清楚："其实即使天才，在生下来的时候第一声啼哭，也和平常的儿童一样，绝不会就是一首好诗。""哪里有天才，我是把别人喝咖啡的工夫用在工作上。"

任何事情，唯有不停前进方可有生命力，学习更是如此，不前进就是后退。学校不是享乐的天堂。在这里，人才云集，快节奏的生活，高度的竞争又时刻令人体会到一种莫大的压力，潜移默化地催人上进。这其中不乏有许多激动人心的故事：

有一位知名教授讲过这样一个故事：

在 19 楼蜗居的时候，我曾同一位年龄不是很大，但沉默寡言的中年教师住对门，他就是被称作“中国文科的陈景润”的裘锡圭教授。别的我似乎忘了，但依稀记得他那十点五平米的房间，朝北，漏水，最靠角落，且房内四周从地板到天棚堆的都是书。他是古典文献专业的，我没有听过他的课，平时也很少说话，只是见面点头而已。

有一回我上厕所，发现他蹲在那里，还在一页页地背字典、看辞书。人家告诉我，这不是第一次。

在图书馆阅览室里，他总是用快节奏的步子走到书架旁，抽出一本书，又一溜小跑式地赶回座位，那动作，活像电视动画片里匆匆赶路的人物。

当我们的孩子已追逐戏闹在楼道里的时候，他仍是孑然一人，整天钻在书堆里，“无丝竹之乱耳，无案牍之劳形”，他仿佛生活在距今几千年前的另一个世界里。在这间神秘的小屋里，他写出了郭沫若赞为“至确”的考据文章，辨识了大量的战国出土竹简；在这间神奇的小屋里，他争分夺秒，努力拼搏，登上了中国古文字研究的一座又一座巅峰。

他也有娱乐的时候，那是在水房。他洗着洗着衣服，会突然发出几句京剧唱词的狂吼：“穿林海——，过雪原——，……”声音震颤了窗上的玻璃，在他身边没有准备的人会吓一跳。一个蕴含着巨大能量的躯体，这会儿才找到感情的喷口。他急急忙忙洗完衣服，端着脸盆，又大步流星地钻回了那间小屋。

像上面这位学者的人比比皆是，他们都深深地知道只有勤奋才是浇铸成大事的最佳肥料。所以，他们从不浪费时间，充分地利用每一分、每一秒，勤勤恳恳，兢兢业业，为事业而奋斗。

【点　评】

没有一个人的才华是与生俱来的。每一个成大事者的背后，都有着一连串儿的让人精神为之振奋的事。在成大事的道路上，除了勤奋，是没有任何捷径可走的。

八、惜时如金

我们的生活是以时间为单位的，如果我们要在有限的生命中有所作为就必须惜时如金，用最少的时间做最有价值的事，这是我们成大事必须遵循的原则。

节约时间是基本的运筹原则。从时间中节约时间，用尽可能少的时间，办尽可能多的事情，学习到更多的知识，从而极大地提高效率。恩格斯指出，利用时间是一个极高级的规律。古今中外许多成大事者都想方设法把一般人不屑利用或难以利用的时间利用起来，下面是成大事者总结出来的一些从时间中去找时间的切实可行的方法：

(1)拒绝拖拉

办事要拒绝拖拉、疲沓，以免误事。英国著名的《帕金森定律》一书中有一段生动的描述："一位闲来无事的老太太为了给远方的外甥女寄张明信片，可以足足花一整天的工夫。找明信片要一个钟头，寻眼镜又一个钟头，查地址半个钟头，做文章一个钟头零一刻，然后，送往邻街的邮筒，究竟考虑要不要带雨伞出门，这一考虑又去掉了20分钟。照这样，一个忙人在3分钟里可以办完的事，在另一个人却要一整天的犹豫、焦虑和操劳，最后还不免累得七死八活。"

有的人在工作中稍不如意，就放下不干了或等待明天再干，这样一拖再拖，就有很多的事情给拖拉下来，而时间却悄无声息地流失了。如果你有这样的习惯，那你就是在浪费自己的生命。

对付拖拉，有三种有效对待的办法：

第一，养成良好的习惯

许多人的拖拉，是因为形成了那样的习惯。对于这样的人，无论

用什么理由，都不能使他自觉放弃拖拉习惯。因此，需要重新训练，培养他们良好的积极工作的习惯。

第二，确定工作的重要程度

一个人再拖拉，到了非干不可的时候他就不得不干了，正如房子着火了，他就不得不迅速逃生一样。明白了工作的重要性，他就不会再拖拉下去，以免造成危害和其他人的不满。

第三，委托他人

有的时候，你拖拉的原因也许是你不喜欢做，这或许与你的个性或专长有关。这时候，你可以把它委托给别人去做。这样，事情也做了，你也不拖拉，对双方都是件好事。

(2)消除“时间瓶颈”

所谓时间瓶颈，就是浪费时间多半源于单位的领导或家长、教师，正如瓶颈多半位于瓶的上端一样。要解决这个问题，必须根据不同的对象，采取相应的对策。

①对“听而不闻”的人

应采取以下办法：慎选谈话的时机，不要在他繁忙或心绪不佳的时间与他联系；谈话时开门见山，单刀直入；先尽量指明与他谈论的事对他的利害关系；一旦发现他听不进你的话语，则尽快结束交谈，另找时间再谈。

②对见异思迁的人

应多作询问，让他在解答时发现问题，通过研讨，迫使他改变主意，并决定工作次序和完成工作的时限，尽量避免中途变卦而浪费时间。

③对以你为听众的人

应尽量不发问，一边听，一边思考，在听话过程中，显示心事重重的态度，有礼貌地打断他的话，提出问题，共同研讨。

美国威斯汀豪斯电器公司前任董事长兼总经理唐纳德·C·伯纳姆提出了提高效率的三原则，这就是当你处理任何工作的时候，都要

提出三个“能不能”的问题，以达到节约时间的目的。

第一，能不能取消它？

那些完全不必去做的事情，那些完全不必应酬的交往，应该决然“刹车”。做到“有所不为。

第二，能不能与别的工作合并？

这就叫合并节约时间法。把能够合并起来的事尽量合并起来办，一举两得，无形中提高了效率。星期日去探望友人、同学，不妨在途中顺便跑跑书店。

第三，能不能代替它？

为了达到某种目的，用费时少的办法去代替费时多的办法，殊途同归，可以节约很多时间。打电话同写信一样可以达到互相交流、传递信息的目的，但打电话可少费时间；骑自行车办事快就不要走路；看电影与看电视都可达到娱乐的目的，在家看电视就可节约路途往返的时间。由此可见，最简便的办法往往包含着较高的效率。

一项大的工作可以首先分解成若干小的部分，然后对每个小部分再问三个“能不能”，提高效率的途径就更会逐步显现出来。

(3)安排时间表

既然合理的利用时间可以提高工作效率，有助于事业的成功，我们就应该在自己的日常生活中制订一个可行的、适宜自己的待办计划表。在待办计划表中，要注意以下几点：

首先应该简单明了，使你在百忙中随意瞄几眼，就可一目了然，明白马上需要做什么事。

第一，依赖记忆

在睡觉之前想想第二天的工作是个很好的方法。在确定所有的工作后，人就可以安稳入睡，不会满脑子胡思乱想。

利用记忆记住你的工作之后，你的脑子就会想尽一切办法去解决问题。有时候当我们的问题存在于脑海中时，睡梦中会突然跳出一个理想的解决之法，也就是人们所说的有所思就有所梦。当我们真正地

利用了我们的潜意识来解决问题时，我们就会发现，它的作用是惊人的、不可思议的。

有了计划，潜意识就要完成它，而记忆会替你完成。人脑就像一个平行处理器，许多工作在脑中可以同时处理，一旦记下了一定的事物，大脑就会把它转移到潜意识中，不知不觉地开始研究解决它的办法。

第二，适时检查计划表

有了计划表，是否严格地执行了，还需要适时地检查。晚上睡觉前，再翻一翻你前一天的计划表，看一看你执行的情况和进度，会有助于你来日工作的安排和完成。

第三，限制计划数目

每个人的精力是有限的，运用有限的精力去做无穷无尽的事是不可能的。人在极限劳动的情况下，也很容易导致意想不到的损害效果，因此，限制一天中的计划数目，可在自己身体力行的情况下进行科学的调整，使自己处于一个协调的工作环境之中，既可完成工作任务，又不影响身体健康。

最好的办法是在下班前几分钟，拟定第二天上午的工作表。成功的高级经理人员谈到，这个方法是他们做有效的时间管制计划时最常用到的一个。如果延到第二天上午再列工作计划表，就容易草率，因为那时已经有了工作的压力，工作表上所列的，常常只会是紧急事务，而不是重要的事项。

(4)养成有计划工作的习惯

在棒球比赛里，胜利取决于跑回本垒的次数。只跑到三垒，并不能因为跑了3/4的路程而得分。

工作也是这样。能够开始当然很好，继续做下去也不错，但是不到完成，你就不算做了你开始做的事情。很多人有一种把一件工作“做了一会儿”，然后又放在一边的习惯，还欺骗自己相信工作已经完成。

这样是很浪费时间的；因为你常常不会再回头去做这件工作，因此你先前所用掉的时间就等于失去了。就算你再回头去做这件工作，首先，你要花时间重新建立起冲劲，从头探查各步骤，检视上次你所做的事情，就算把它做好，也浪费了许多时间。因此不要堆积许多只做了一半的工作。

当然，如果工作范围太大而不能一次做完，那你该怎么办呢？那就是系统地利用时间。

例如，假定你有一份很长的报告要写，你就避免从“一次只做一个小时左右”的观点去想，而要指定你自己先写好大纲，或做好调查研究，或写下引言。做好了这一步，你把它放在一边就可以有完成某一件特定事情的感觉，并且清楚地知道你下一步该做什么。下一次再做的时候，你就不需要再重新去理出头绪，也就不会有心智阻碍。

然后再把工作分成许多小工作去做，你就会养成所谓的“强制去完成”的宝贵习惯。这会为你每天省下很多时间。

(5)善用零碎时间

在大都市地区。通常人们每天早上去上班要花一个小时在高速公路上或火车上，而下班回家又得再花上一个小时。在美国，上班时间平均单程是20分钟，而在人口100万或更多的大城市，32%的人住在距离上班地点35分钟车程的地方。

任何事情要在你一生中占去这么多的时间，都值得你特别注意。很明显的，有两方面值得你考虑一下：第一，是否能减短交通时间；第二，是否能有效地利用交通时间。

你要有意识地决定，在这段时间里把注意力投注在什么方向。你会惊异地发现，不浪费这段时间会获得多么宝贵的益处。

推销员常常发现，在接待室等待客商的时间，利用这个空当儿，足够他办完所有纸上作业：写一份和上一位顾客面谈的报告、写给顾客以及可能成为顾客的人的信件、计划以后拜访哪些人、填写支出费用报告等等，只要把必备的表格或资料带在手边就可以了。

不要认为这种零碎的时间只能用来办些例行纸上作业或次优先的杂务。最优先的工作也可以在少许的时间里来做。如果你把主要工作分为许多小的"立即可做的工作"，你随时都可以完成重要的工作。

【点　评】

上帝很公平，他给每个人一天的时间都是24小时，只看你怎样去利用。一寸光阴一寸金，把时间当金子一般去珍惜的人，终不会是平庸之辈。

九、重视自我

成大事之人的最大特点就是重视自我。

拿破仑有句话：不想当将军的士兵永远成不了将军。其实这句话道出了一个道理：每一个人活在这个世上，都应该给自己定个位。定什么位，将决定自己一生成就的大小。志高千里的人决不会自甘平庸，甘心作下人的人永远成不了主人。

在现实当中总有这样一些人：他们相信命运，凡事听天由命；有的性格懦弱，做事依赖他人；有的没有责任心，不敢承担责任；有的惰性太强而好逸恶劳；有的缺乏理想，混沌度日等等。总之，他们给自己低调定位，遇事不敢独当一面，又不敢承担责任，不敢为人之先。一句话，就是不敢重用自己，被一种消极的心态所支配，甘心自我轻贱。这种心态是一个人进步的最大障碍，成功的大敌。古人云："胜人者力，自胜者强。"这的确是亘古不变的真理。

一个人要想成大事，有所成就，就要敢于重视自己，给自己高调定位，要敢于承担责任，勇于独当一面，有战胜一切艰难险阻的决心，敢

于排除前进道路上的一切障碍，敢为人先。成大事者的人心中只有一种信念：别人能做的，我也能做到；别人做不到的，我还能做到。

是否能做到重视自我，对一个人的事业起决定作用，而智力的高低、学业的优劣仅在其次。为什么有些在学生时代学习成绩优秀的学生走上社会以后反而不如中等学生更有建树？原因往往是前者不如后者能更好地重视自己。毛泽东敢于发出“问苍茫大地，谁主沉浮”的诘问和“俱往矣，数风流人物，还看今朝”的肯定回答，最终缔造了一个新中国。原因就是他敢于看重自己，并与一切宗派主义、个人主义、逃跑主义等作斗争。

成大事者的三个突出方面是自信心、责任心和意志力的表现，自信心即是相信自己的能力、确信自己能够成功的心理素质；责任心即敢作敢当、勇于承担责任和对人负责的心理素质；意志力是指为了达到目的，不怕困难和挫折并勇于战胜困难和挫折的心理素质。所以说，要想成就一番事业的人，必须在这三方面努力训练和提高自己。

敢于看重自我，终究必有大成。心理学研究表明，人的潜能是无限的，大有越开发越丰富之势，敢于重用自己的人，总是努力开发自己的潜能去完成其高远的目标。虽然他在实现目标的过程中，常常会遭受一些挫折和失败，但他从挫折和失败中学到的东西比从成功和顺利中学到的还要多，每一次的挫折和失败都是向成功迈进了一大步，最终必有所成。

总的来说，每个人的命运都在自己手中，每个人都可做出惊世骇俗的业绩，关键就在于能否做到重视自我。谁要总将命运寄托于他人，祈求他人的重用，那结果必将是受人役使和摆布，或者“为他人作嫁衣裳”。

【点　评】

成大事者如是说：“永远不要小看自我，重视自我是成大事的关键。”

成大事必懂的∞条潜规则

十、情绪制胜

凡成大事者的一大优点就是不管遇到什么情况都能调节情绪，情绪制胜。

人生命运之好歹，很多时候并非是由理性支配的，而是由情绪支配的。因为理性支配的世界是有序的，而人的命运却是无序的。

世界上有那么多的人，为什么人人都昂然向上，孜孜以求，奋斗不止？为什么人人都为了让自己好好地活着而精心打点着与生命有关的一切？是什么力量在支配着人生，在支配着人类社会永无止境地向前发展？这种力量不是人的理智，而是人的情绪。人的理智是死板板的逻辑，可以存在于纯粹的物质世界之中，而人的情绪只能洋溢在人的主观世界里。一个错误可以改变一个人一生的命运。有时，一个正确的道理，因为情绪关系，可能未被接受；相反，一个错误的信息，因为情绪关系，可能被高兴地接受了。所以，在人生的领地里，情绪是大于理智的。了解支配和影响人生的十种情绪，对正确地对待和感悟人生以及成就一番事业很有必要。

(1)爱与温情

福克斯说得好，只要你有足够的爱心，就可以成为全世界最有影响力的人。任何负面的情绪在与爱接触后，就如冰雪遇上了阳光，很容易就消融了。如果现在有个人跟你发脾气，你只要始终对他施以爱心及温情，最后他便会改变先前的情绪。

(2)感恩

如果我们常心存感恩，人生就会过得再快乐不过了，因此请好好经营你那值得经营的人生，让它充满了芬芳。一切情绪之中最有威力

的便是爱心，但它以不同的面貌呈现出来。感恩也是一种爱，因而安东尼·罗宾喜欢通过思想或行动，主动表达出自己的感恩之情，同时也好好珍惜上天赐给他的、人们给予他的、人生经历的一切。

(3)好奇心

如果你真心希望你的人生能不断成长，那么就得有像孩子般的好奇心。孩子是最懂得欣赏"神奇"了，因为那些神奇，能占据孩子的心灵。如果你不希望人生过得那么乏味，那就在生活中多带些好奇心；如果你有好奇心，那么就会发现生活中处处都有奥妙之处，你就能更好地发挥潜能。这是个环环相扣的道理，你有必要好好去研究，因此好好发挥你的好奇心，那么人生便是永无止境的学习，其中全是发现神奇的喜悦。

(4)振奋与热情

如果做任何事情都带着振奋与热情，它就会变得多彩多姿，因为它们能把困难化为机会。热情具有伟大的力量，鼓动我们以更快的节奏迈向人生的目标。19 世纪英国著名首相狄斯雷利曾说过这样的话："一个人要想成为伟人，唯一的途径便是做任何事都得抱着热情。"我们要如何才会有热情呢？就跟要如何才会有爱、有温情、有感恩和好奇心一样，你可以运用表情，讲话要有力、看事情要远，以无比的决心去追求期望的目标。可千万别想浑浑噩噩过日子，那不仅生活会过得很乏味，人生也会充满了贫瘠。

(5)毅力

只要你有毅力，就能够做成任何大事；反之，缺了毅力，你就注定失败和失望。上面所说的都很有价值，然而你若是想在这个世界留下值得让人怀念的事迹，那就非得有毅力不可。毅力能够决定我们在面对困难、失败、诱惑时的态度，看看我们是倒了下去还是屹立不动。如果你想减轻体重、如果你想重振事业、如果你想把任何事做到底，单单靠着"一时的热劲"是不成的，你一定得具备毅力方能成事，因为那是你产生行动的动力源头，能把你推向任何想追求的目标。具备毅力的

人，他的行动必然前后一致，不达目标绝不罢休。安东尼·罗宾认为，只要你有毅力，就能够做成任何大事；反之，缺了毅力，你就注定失败和失望。一个人之所以敢于冒险去做任何事情，凭的就是他们的勇气，而勇气则源生于毅力。一个人做事的态度是勇往直前还是半途而废，就看他们是否时常练习他的毅力"情绪肌肉"。埋着头硬干不表示就是有毅力，必须得能察看同实际情况的变化，并不失时机地改变自己的做法。试问，如果你只要走两步路便能找到出口，难道非得把墙打个洞才能出去吗？有时候单有毅力并不一定能成事，你还得有弹性。

(6)弹性

要保证任何一件事能够成功，保持弹性的做事方法绝不可少。要你选择弹性，其实也就是要你选择快乐。在每个人的人生中，都必然会遇到诸多无法控制的事情，然而只要你的想法和行动能保持弹性，那么你就能成就大事，更别提生活会过得多快乐了。垂柳就是因为能弯下身，所以才能在狂风肆虐下生存，而杨树就是想一直挺着腰杆，结果为狂风吹折。如果你能好好培养上述那些情绪，就必然会觉得充满信心。

(7)信心

不轻易动摇的信心是我们每个人所向往的，如果你想一直都有信心，甚至对于始终未曾接触过的范围，那么你一定要从心里建立起"有信心"的信念。你得从此刻使开始学习想像并感受那份信心，相信自己有资格取得，但这可不能光做白日梦，希望着未来有一天它会平白地冒出来。只要你有信心，就敢于尝试、敢于去冒险。要想建立信心有个办法，那就是不断练习去使用它。如果有人问你是否有信心把鞋带系好？相信你会以十足信心回答说没问题，为什么你敢说得那么肯定？只因为这件事你已经做过成千上万次了。同样的道理，如果你能不断从各方面练习自己的信心，迟早有一天你会慢慢地发现，不知何时信心已在心里。

要想使自己能做各样的事情，你一定得去训练你的信心，千万不可害怕。很可惜的是，有许多人就因为害怕而不敢去做，甚至于根本还没做就已经退缩了。在此需要告诉各位，许多成大事、立大业的人，他们成功的根本原因就在于所拥有的信心，想想看，在他们之前可能还没任何可以借鉴的例子呢！也就是信心，推动着人类不断向前。一旦你建立起上述的情绪，就必然能体验到快乐。

(8)快乐

你知道吗？内心的快乐跟脸上的快乐，有很大差别，前者能使你充满自信，对人生满怀希望，带给周围人同样的快乐。

当安东尼·罗宾把快乐这一项加在最重要的追求价值表内时，大家都说："你和我们不太一样，你似乎很快乐。"事实上，罗宾是很快乐，可是却从未表现在脸上。脸上的快乐具有能消除害怕、生气、挫折感、难过、失望、沮丧、懊悔及不中用的作用，当你不管遭遇了什么事，硬是在脸上浮现笑容，就会使你觉得再也没什么比这个更让你难受的了。

要想脸上表现出快乐的样子，并不是说要你不去理会所面对的困难，而是要知道学会如何保持快乐的心情，那样就有可能改变你生活中的许多事情。只要你能脸上常带笑容，就不会有太多的行动讯号引起你痛苦。要想让自己很容易便觉得快乐，你就必须充满活力。

(9)活力

这是很重要的一种情绪，如果你不能好好照顾自己的身体，那就很难享受到拥有它的快乐，更难有所成就。你要经常注意自己是否精力充沛，因为一切情绪都来自于你的身体，如果你觉得有些情绪超出常规，那就赶紧检查一下身体吧。你的呼吸怎样？当我们觉得压力很重时，呼吸就会很不顺畅，这样就慢慢把活力耗竭掉了。如果你希望有个健康的身体，那就得好好学习正确的呼吸方法。

另外一个保持活力的方法就是要维持身体足够的精力，怎样才能做到这一点呢？我们都知道每天的身体活动都会消耗掉我们的精力，因而我们得适度休息，以补充失去的精力。请问你一天睡几个小时呢？如果你一般都得睡上8至10个小时的话，很可能有些多了点，根据研究调查，大部分的人一天睡6到7个小时就足够了。还有一个跟大家看法相反的发现，就是静坐并不能保存精华，这也就是为什么坐着也会觉得疲倦的原因。要想有精力，我们必须“动”才行。研究发现我们越是运动就越能产生精力，因为这样才能使大量的氧气进入身体，使所有的器官都活动起来。唯有身体健康才能产生活力，有活力才能让我们应付生活中各样的问题。由此可知，我们一定得好好培养出活力，这样才能控制生活里的各样情绪。

当你的心充满一些具有活力的情绪，那么通过对人群的服务，可以让大家一同来分享富足。

(10)服务

某天午夜时分安东尼·罗宾驾车在高速公路上飞驰，心中想着：“我得怎么做才能改变人生？”突然有个意念闪过脑际，罗宾如大梦初醒，兴奋得难以自持，随即把车开下交流道并停在路边，在笔记本上写下了这句话：“生活的秘诀就在于给予。”

作为这个社会的一分子，如果我们所说的话或所做的事，不仅能丰富自己的人生，同时还可以帮助别人，那种心情是再令人兴奋不过了。常常我们会被那些为了追求人生最高价值之人的故事所感动。他们无条件地去关心人们，带给人们极大的福气。每天我们都应该好好省思，到底能为人们做些什么事，别只想到自己的好处。

【点　评】

一个能够不断独善其身并兼善天下的人，必然是因为他明白人生的意义，那种精神不是金钱、名誉、夸奖所能比的。拥有服务精神的人生观是无价的，如果人人都能效法，岂无不成功之理。

十一、成功人士的 25 个小时

成功人士的一天不光有 24 个小时，而且还能再加 1 个小时，也就是 25 个小时。这并不是荒诞的说法，只要按照下面所说的去做，相信你也会认同的。

(1)善待时间

什么时候做重要的事情最合适？生理学家克莱特曼医生的研究显示，人的正常体温在一天之中的变化可相差达 1.65 摄氏度之多。体温变化的模式会影响你的工作效率、精神集中程度及心理状态。

人通常在早上的后半段和傍晚的中段神志最清楚。下午的时候人会感到越来越想睡，下午两三点钟是工作效率的"低谷"。体温在下午 6 点钟到 8 点钟达到高峰之后，很多人会精神减退。

用你的工作效率最高的时间处理困难的事情，或者从事创意思考。工作效率低的时间则用来看报、整理档案、打扫或清理信件。配合自己的精神状态去工作，可以事半功倍。

(2)做事预先计划

你开车去不熟悉的地方，会不会先不问路或不带地图？时间管理专家认为，每次花少许时间去预先计划，会收到显著效果。事先花 20 分钟筹划，稍后就不必花一个钟头去想该做的事情。《生活安排五日通》一书讯作者赫德莉柯说："不要把所有活动都记在脑袋里，应把要做的事写下来，让脑子做更有创意的事情。"

每天都列张工作清单。按照重要程度用数字给它们排次序。要是事情较多，就把最迫切的列为"甲"类，次要的是"乙"类，再其次是"丙"类，或者用不同颜色的笔来分类。

(3)凡事分清轻重缓急

拣出重要的文件，加以分类“处理”（须处理或须交托别人去做的）、“阅读”（一有空就要看文件）以及“存档”（将来可供参考的文件）。把“处理”的一部分放在显眼的地方，其余两部分则放在一旁。只把主要的文件放在办公桌上，你就可以避免分心而浪费时间。

(4)学会闭门谢客

许多人喜欢说他们办公室的门是永远打开的，然而，如果每个不速之客都接待，你也许办不成什么事。

应该找些委婉的方式保护自己，避免突如其来的干扰浪费你的时间。公共关系专家列维把他的开门政策稍加变化——让门半掩着。这意义很清楚：他其实不想让你进去，如果真的有急事也可以马上进来。还有要应付不速之客的另一个办法：告诉对方你事务繁杂，向他道歉，然后请他在你不忙或工作效率较低的时间再来。

(5)避免干扰

电话最能帮助我们节省时间，也最能浪费我们的时间。《时间管理新法》一书的作者麦肯齐说，想把长篇大论的来电挂断可以先定个时限，然后用“大致上就是这样了……”之类的话题暗示交谈应该结束了。

打电话之前要弄清楚打电话的用意。如果你要谈好几件事，就先记下来，然后照着谈。忙碌的人会希望你直截了当。如果不想让自己打出的电话不受欢迎，就要记下你通常要打电话的对象什么时候最不忙；更好的办法是先约定时间再打重要的电话。

(6)不要空等

如果知道等候是不可避免的，可以随身带些阅读的材料。公事包或者文件夹里放些文件、报告、刊物或剪报。

(7)稍作休息

尽量利用时间并不等于必须每一刻都埋头苦干。做日常工作之际稍作休息，可以帮助你稍后做得更快更好。中午打个盹可以恢复体

力。运动一下也可以让头脑清醒，身体放松。就算只是交替做深浅呼吸10分钟，也有松弛身心的作用，令你精神焕发。

为了让大家每天可以多得一个小时，美国有个钟表匠制造了一种特别的计时器，每分钟只有57.6秒。每分钟省下2.4秒，一天下来多了近60分钟。其实，只要善用时间，你也可以每天“多”一个小时，得益无穷。

这就是成功人士的25小时，要成大事务必认真学习并掌握这种方法。

【点　评】

一个欲成大事者首先要做的事就是合理安排时间，赢得时间就能赢得一切，在这方面不妨向成功人士学习。

十二、全身心营造自我

爱默生有一句始终铭记在心的话：“每一天都是一年中最好的日子。”这句话对我们寻找成功、追求幸福和体味成功很有用处。幸福不仅就在我们身边，而且还贯穿在每一天里。但事实上，我们似乎没有这样全面地感受过，甚至连一丁点幸福的概念都不曾闪现过。这样的人，太应该对幸福对快乐重新品味一番了。

过去一年的三百六十五天里，你有几天是过得心满意足的？假若你像大多数人一样，至少有过几天这样的好日子——足以使你念念难忘，但愿能有更多这样的日子。

每个人体内都有一种最有助于健康的力量，这就是良好的情绪力量。

人们都懂得厚积薄发的道理，要想成就一番事业，必先营造自我，要先把自己打造成一个健康快乐又有能力的人。以下几条建议供你参考：

(1)对简单事物保持兴趣

有些事物就在你身边随时供你欣赏。不要养成以新奇为乐的习惯。著名植物学家殷格利殊，他已六十多岁了，对一切事物还是那么兴味盎然。他旅行不需要汽车。他走一公里所看到的有趣事物，比许多人坐车走了一万公里所见的还要多。每种草，每种灌木，每种树，他都认识；他知道何处长有粉红色的杓兰，知道何处可以看到毛边的水杨梅，知道如何诱使一只狡狐暴露它的窟。他懂地质、化石和岩穴。

他不是个卖弄学问的人，只是对万物都有兴趣，懂得享受人生的快乐。他会整个下午观赏一只跳跃不停的蜘蛛。如此看来，他比福特、洛克菲勒那些富翁加起来还要富有。

(2)不要老担心生病

世界上最痛苦的人，就是那些老以为自己身体有大毛病的人。他们总是担心自己机能失灵。每天早上醒来，就马上自问："我今天什么地方不舒服？"

有个很有趣的心理现象。我们要是突然问自己"我哪儿痛？"接着自己检查，准能发现真有地方在痛。对于一些无关紧要的小病痛，我们只要不断注意它，准可以把它弄成真病，很快就可加重十倍。

为了避免对健康作无谓操心，可请一位高明的医生每年做一次彻底检查——偶有疑虑，不妨检查得更勤些。一经证实自己健康无病，就不必再多管它。

患情绪病最少的人常是那些九口或十口之家的农妇，她们除了家务操劳之外，还要下田工作，身心忙碌，没有余暇去烦恼，因忙于照顾别人，根本没有空闲来想自己。有一次，一个医生问一位农妇可曾感到厌倦过（最普通的官能症之一），这位无病无愁的有福人对医生说："跟你说吧，25年前我就学乖了，永远不问自己这个问题。"

(3)尽量喜欢工作

凡是自以为不喜欢他的工作的人，在工作时就产生一种刻板、重复的不愉快情绪；情绪上发的疾病可能接踵而至。我经常建议不喜欢他工作的人去另谋他喜欢的工作做，可是后来发现，这人对第二个工作也不喜欢。问题的根源在于他根本不喜欢工作。一个人要是喜欢工作，领略到做一件工作那种自然的愉快，而对自己对社会有所贡献引以为乐，那么他工作的时候就会产生愉快的情绪。同时工作较多的人，常因事忙而没有时间“多想”。而“多想”就是多愁，工作则是良药。

(4)养成愉快的习惯

幽默风趣或欢乐轻松，总是有益无害，而怨天尤人者却常成为医院常客。我认识一些公司企业的主管人物，他们工作繁重，却总是和颜悦色，好像少女逛街一样的轻松愉快，这才是责任艰巨而不会住进医院的人。

在家庭生活中，尤其应该养成和悦谈话的习惯。为了你自己，为了你的孩子和你的消化功能，不要在全家用餐时表露苦恼、焦灼、害怕、警告、责难。尤其重要的是，不能让家人养成一种错觉，以为人人都生性随便惯了，和悦态度与温和言辞是多余的。

(5)珍惜眼前好时光

有许多人生活在期望中，老是着眼于将来，完全失去了自己最有价值的东西——眼前的时光。高中学生盼望进大学；进了大学，盼望做工程师时的愉快；做了工程师，他以为要跟玛丽结婚、成家才会幸福；如此这般……永远在盼望。

终于有一天，盼望失去了光彩。这时候，一个人的思想、价值、动机都有一番巨大调整；他们开始呈现老态，意志消沉；从盼望将来一变而为回首当年(过去却已一去不返)。

其实，最可贵的是眼前时光。未来美景的最佳保证，莫过于善用眼前光阴，好好过眼前的日子，以有效的方式工作、思索和帮助人。只要你不断善用眼前光阴，将来必然会更美好。

【点　评】

人们都懂得厚积薄发的道理，要想成就一番事业，必先营造自我。成功人士在做事之前，会首先衡量自我，全身心营造自我。

十三、多一分热忱，少一分冷漠

爱默生说：缺乏热忱，难以成大事。没有人能靠冷漠而成就大事，而凡成大事者无一例外都具有热忱的情感。

热忱是一个人对所做事情的感觉和兴趣。没有热忱，肯定不会对自己所做的事情尽心尽责，不会精益求精。有些人正是因为过于冷漠，对工作缺乏认真，干到哪儿算哪儿，因此不能赢得尊重，更谈不上让自己的事业蒸蒸日上了。成大事者需要的不是冷漠，而是热忱。

一个寒冷的晚上，2500名青年男女涌进了纽约市宾夕尼亚体育馆的大舞厅。六点半，大厅内已座无虚席了，到了八时，大厅被挤得满满当当。

这些人劳累了一天，他们晚上来这儿干什么？

他们前来是为了倾听最新、最实用的课程《有效地讲话并在工作中影响他人》的第一讲，这是由"戴尔·卡耐基言语技巧和人际关系协会"举办的课程。

与此同时，人们正在争相传阅戴尔·卡耐基的《影响力的本质》一书。

在其后的24年里，纽约市每天都要开设这些课程，听卡耐基演讲和接受该课程培训的人多达15万，甚至连威斯汀豪斯电气公司、麦道公司等一些保守的公司也派出管理人员接受培训。

戴尔·卡耐基是无可怀疑的成大事者。

有人问卡耐基，他是如何取得如此大成就的。他微笑着说："除了掌握了大量的知识和技巧以外，最重要的是，我热爱我的听众。"

卡耐基表现了他的热忱。

热忱是发自内心的激情，如果一个人身上激情洋溢，那么他就是有吸引力的人。

卡耐基的成就来自热情的追求，卡耐基的课程也把热忱作为最基本的一课。他用他的热忱感染着他的学生。

卡耐基在课堂上比较喜欢这样一句名言："我愈老愈能感觉到热忱的感染力，成大事的人和失败的人在能力上差别并不大，但正是由于各方面条件相近，热忱就显得尤为重要了。热忱的人有信心和勇气去克服困难。"

卡耐基在他的备忘录中这样写道："我说的热忱，是一种内在的精神本质，它深入到人的内心，任何不是发自内心的热情，那些都是虚伪的表现……只要你充满了对别人的爱，你就会兴奋，你的眼睛，你的大脑，甚至你的灵魂都充满了激情，这种激情可以感染别人，鼓舞别人。"

卡耐基是这样说的，也是这样讲授他的课程的。

维利是一家公司的职员，虽然他是个精力充沛的人，却不能让人喜欢他。

为此，维利非常苦恼，所以他来向卡耐基请教。

"卡耐基先生，我在演讲中也爱来点小幽默，虽然也能引起听众发笑，却不能取得很好的效果，我该怎么做呢？"

"问题就在这里，"卡耐基深沉地说："你应该表现出你的热忱，这样你就可以得到好的效果了。如果你做不到这一点，你的那些小笑话只能让人感到你很滑稽。不要再讲你的小笑话了，拿出你的真诚和热忱来，你会受欢迎并有所成就的。真情比技巧更加管用，请记住这一点。"

维利在以后的演讲中果然有了很大的进步和提高。

卡耐基把这件事当作一个很好的例子运用在了他的讲课当中，最后他总结道：

"记得维也纳著名心理学家，阿尔弗雷德·艾德勒写了一本书，书名叫做《哪种生活对你最有意义》。其中有一段话给我的影响很深。请记住这几句话：

不关心别人的人在生活中遇到的困难最大，给别人造成的伤害也最大，正是这种人导致了人类的种种失败。

你们大概不是很明白其中的道理。举几个例子来看吧。

"西奥多·罗斯福是深受美国人民爱戴的总统，他获得了惊人的声誉。即使在家里，他的仆人都很热爱他，他的贴身男仆安德烈向人们讲述了这样一个故事：

有一天，安德烈的妻子问罗斯福总统野鸭是什么样子，因为她一生都没离开过华盛顿，她没机会到野外去看野禽。罗斯福总统耐心地向她描述野鸭的模样和习性。安德烈和他的妻子住在一栋小房子里，离罗斯福总统的住处很近。

第二天，安德烈房里的电话响了，电话那头传来了老罗斯福的声音，那声音告诉安德烈的妻子，他们的房子外面的大片草地上就有只野鸭。

安德烈的妻子看见了对面房屋窗户里罗斯福微笑的面庞"。

卡耐基向他的听众微微一笑，继续道："像这样的人，人们又怎能不热爱他呢？

还有一次，塔夫脱总统夫妇外出时，老罗斯福拜访了白宫，他没有去客厅，也没有去接待室，而是去了厨房。他友好地向每个人打招呼：'嗨，桃瑞斯，最近很忙是吗？''杰克，胃口还好吗？我想你是离不开酒瓶的，什么时候我们喝一杯？'

就这样，他跟每个人都打了招呼，就像多年不见的老朋友一样。后来，在白宫服务了三十年的厨师史密斯含着热泪说：'罗斯福总统是那样热情，那样关心人，这怎能不让人感动呢？'

你看，这就是热忱的力量。”

【点　评】

你要想成大事请让自己全身都洋溢着热忱！多一分热忱，少一分冷漠，你就多了一分成大事的运气，少了一分失败的可能。

十四、从小事做起

事无大小，很多时候，小事不一定就真的小，大事不一定就真的大。关键在做事者的认知能力。有些一心想成大事的人，常常对小事嗤之以鼻，不屑一顾。然而，连小事都做不好的人，又如何成就大事呢？

古人云，勿以善小而不为，勿以恶小而为之。小事正可于细微处见精神。有做小事的精神，就能产生做大事的气魄。不要小看做小事，不要讨厌做小事。只要有益于工作，有益于事业，人人都从小事做起，用小事堆砌起来的事业大厦就是坚固的，用小事堆砌起来的工作长城就是强硬的。

有位女大学生，毕业后到一家公司上班，只被安排做一些非常琐碎而单调的工作，比如早上打扫卫生，中午预订盒饭。一段时间后，女大学生便辞职不干了。她认为，她不应该蜷缩在厨房里，而应该坐办公室。

可是一屋不扫，何以扫天下？一个普通的职员，即使有很好的见解，通常在被重用之前，一定要煎熬一段时间，最重要的是自己要努力做到有让别人倾听自己意见的资格和成绩，在别人眼里，你会举足轻重，不易被人忽视。

因此，要成大事须弯下腰从小事做起。

中关村一家公司的人事部经理曾感叹道：每次招聘员工，总碰到这样的情形；大学生与大专生、中专生相比，我们也认为大学生的素质一般比后者高。可是，有的大学生自诩为天之骄子，到了公司就想唱主角，强调待遇。别说挑大梁，真正找件具体工作让他独立完成，都往往拖泥带水，漏洞百出。本事不大，心却不小，还瞧不起别人。大事做不来，安排他做小事，他又觉得委屈，埋怨你埋没了他这个人才，不肯放下架子干。我们招人是来工作、做事的，不成事，光要那大学生的牌子干吗？所以有时候，大学生、大专生、中专生相比之下，大专生、中专生反而更实际，更有用。

人生价值真正的伟大之处在于平凡，真正的崇高之处在于普通，最平凡、最普通却又最伟大、最崇高。从普通中显示特殊，从平凡中显示伟大，这才是成大事之前提。

小事，一般人都不愿意做。但成功者与一般人最大的不同，就是他愿意做别人不愿意做的事情。

别人不愿意端茶倒水，你就要更加端出水平；别人不愿意洗涮马桶，你就要更加洗刷得明亮；别人不愿意操练，你就要更加自我操练；别人不愿意做准备，你就多做准备；别人不愿意付出，你就多付出。

只要你每件事都多做一点，每一件别人不愿意做的小事，你都愿意多做一点，你成大事的机会就会多一点。

因此，成大事最重要的秘诀，就是从做别人不愿意做的小事开始。

因此，做事不可以被大小限制，被时间限制，被空间限制。人生三不朽，曰：立德、立功、立言。因而，需要具有超越自我、超越时空的观念，跳出大小的圈子，成就最普通而又最特殊，最平凡而又最高尚，最渺小而又最伟大的事业。

不因小而损害大，不因少而损害多。抛弃大小的竞争，抛弃高下的念头，抛弃富贵的欲望，而一心一意从小事做起，就是洗厕所、扫大街，也会比别人打扫得更干净。

越是那种埋怨自己工作价值渺小的人，真正给他们一份困难的工

作时，他们越是退缩而不敢接受。具有十成力量的人，去做仅仅需要一成力量的工作，其中有生命的意义和悠闲的心情。在长远的人生中，这种生命的意义和悠闲的心情对于人格的形成与扩展，有决定性的帮助。

许多白手起家而事业有成的人，在是小学徒或小职员的时候就能以最高的热忱和耐心去面对上司给予他们的小工作，这是非常普通的事实。我们不可能用数量来衡量工作的大小，“大在小之中”而不是“小在大之中”。猴子，沐浴过后给它穿上尧的衣服，戴上舜的帽子，而猴子依然是猴子，人们不会称这只猴子为人。

【点　评】

所有的成大事者都是在小事中寻找出大课题。而成大事的机会往往就隐藏在别人不愿去做的小事上。

十五、吃亏是福

在人际交往中懂得并善于吃亏的人能轻而易举地为成大事编织完美的关系网，因为吃亏是福。

天玄子说：“利人就是利已，亏人就是亏己；让人就是让己，害人就是害已。所以说：君子以让人为上策。”吕子也曾经说：“退己而让人，约束自己而丰厚他人，所以群众乐于被用，而所得是平时的几倍。”所以说：“谦逊辞让，是人性中的第一美德。”

与人相处，不仅利不能贪，功也不能贪，名也不能贪；不仅功要让，利也要让，名也要让。有一分退让，就受一分益；吃一分亏，就积一分福。相反，存一分骄慢，就多一分侮辱；占一分便宜，就招一分灾祸。

一个人，对于事业上的失败，能自任这方面的错误，就能让人感

德；在有成就时，能让功于他人，就能让人感恩。老子说："事业成功了而不能居功。"不仅成功让功，对待名誉也要让名，对待利益也要让利，对待善也要让善，对待得也要让得。凡是坏处就归于自己，好处都归于他人。他人得到名，我得他这个人；他人得到利，我得到他这个心。二者之间，轻重怎样？明眼人一看，就知道分寸了。

让人为上，吃亏是福。所以曾国藩说："敬以持躬，让以待。敬就要小心翼翼，事情不分大小，都不敢忽视。让，就什么事都留有余地，有功不独居，有错不推诿。念念不忘这两句话，就能长期履行大任，福祚无量。"史措臣说："自谦，人们就服从；自夸，人们就怀疑。我恭敬就可以平人的怒气，我贪婪就可以启发人们的争端，这都是在于我的为人而已。"

现实生活中，人与人之间，不能没有交往。有交往，就必须有个准则，使大家共同遵守，才不至于乱套，这就是对待人的道理。对待人的道理，最高的准则，就是儒家所提倡的："一切在于求取最完美最高尚的道德。"能有所追求，一方面在心中有所持守，另一方面在执行时有所遵循。这就是准则，又称之为规范。

《大学》里说："《诗经·商颂·玄鸟篇》中说：'国君的都城有千里广大，都是人民居住的地方。'《诗经·小雅·绵蛮》篇中说：'绵蛮鸣叫的黄鸟，栖息在山上的一角。'孔子评论说：'从居住的地方来说，黄鸟尚且知道它应当栖息的地方，这样的人连黄鸟都不如呀！'《诗经·大雅·文王》篇中说：'道德深远的文王啊！不断地发扬光大，没有一件事不小心恭敬的。'在岐周做君主时，能行仁政；在殷朝做臣下时，能恭敬谨慎地办事；在家中做儿子时，能孝敬父母；做家长时，能慈爱宽厚；在与国人交往时，能做到诚信。"这里的仁、敬、孝、慈、信，就是人们交往的一个最好准则。

【点　评】

由此可知，懂得吃亏是福的道理，是方圆做人欲成大事的一大秘诀。

潜规则二：寻找“靠山”
暗藏“心机”看准人

所谓“心机”就是做事的谋略，有人说现代社会是一张网，一张无边无际、硕大无比的网。我们每个人都是这张网中的一个小小的结点。纵观这张“网”中的成大事者都有一个共同特点，那就是“心机”缜密。他们善于“慧眼识才”结交对自己成大事有益的人，他们擅长与人合作，最终达到自己的目的，他们还精通社交之道，轻易获得别人的鼎力相助。一个人的能力终归是有限的，要成大事就不得不去寻找一些“靠山”，让他们在关键时刻助你一臂之力！

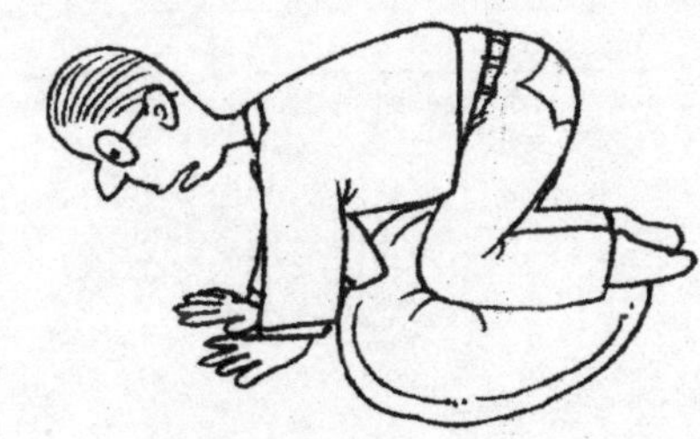

一、成大事必需伙伴帮：同心结最完美

现代的世界是瞬息万变的,每天都有无数的新现象、新知识、新事物,只凭一个人的头脑和智力,是永远无法成大事的。一位诗人说我们现在生活的社会是"网",一张无边无际、大得难以想像的网。每一个人在这张网中都显得是无比的渺小,只是其中一个结点,甚至连结点都算不上。

而每个成大事者都是有"心机"的,他们的成功有一条规律,就是他必定借助了其他人的力量,也许是现有的成果,也许是共同的思考,也许是"微不足道"的服务,总之,"一个篱笆三个桩,一个好汉三个帮。"

传统中的黄金搭档,大概就是"明君贤相之称"的唐太宗与房玄龄、魏征等人的辅佐,才创造了政治清明的"贞观之治",也才为中国的古代文明增添了灿烂的一笔。

王家卫因电影《花样年华》让世人才再次感受到他那非凡的才华,可是他本人在自传中再三肯定的却是他的摄影师、服装设计师和色彩调配师,称他们为三大将。是他们的帮助,才有变幻颇多的多角度镜头,才有了那么多漂亮的旗袍。他素以拍设有定型的剧本著称,靠的都是一时的灵感和表现的感觉,需要梁朝伟的配合,张曼玉的理解。因此,这部影片的成功,离不开这中间的任何一个因素,离不开所有人之间默契而紧密的合作,只凭王家卫是不可能去体现他对电影的理念的。

一支筷子很容易就被折断,而十双筷子却能牢牢抱成团的意义就在这里了。一个集团,如果有一个好的领导者,他就懂得把每个人的

机智、耐心、毅力、自信、知识都集结在一起,让他们相互结合、相互补充,发挥出更大的力量来。一个集体所迸发出来的那种向上、无畏的精神是任何力量都不能阻挡的,大有乘风破浪之势。

人脑就像电池,在他一个人奋斗和努力时,能量很容易耗损,使人变得无精打采,畏缩不前,此时想要进一步成大事就必须先充电。因此,随时与头脑有活力、精力充沛的人保持联系,互相充电,能激励我们的智慧,变得积极和机智,爆发出更多的活力和激情。

现代社会分工越来越细,从工业上讲就是行业和部门越来越多,一件产品的最后成型必须依靠很多厂家对各个零部件的生产,还需要特定的组装,需要特别的经销商。它凝结着无数人合作的智慧和汗水,一人生产一件商品的时代已经过去很久了。可以说,整个社会的大趋势就是合作,只有合作才会在竞争中取得胜利。如果一个人还不懂得合作的重要性,那就是头脑太简单,太没有"心机"了。

从社会上讲,就意味着我们每个人懂得的东西越来越显得狭窄,显得苍白无力,迫切地需要与人合作,相互交流,才能更有效地发挥各自的能力。反过来说,人处在集体中,集体的进步在很大程度上反作用于个人的进步,使个人的能力提高,更上一层楼。可以说,没有集体的总体进步而只是个人的发展是不持久的,甚至是容易被忽视的。现在进行竞争的不只是个人的素质,更多的是国际间集团的竞争,只有紧密而有效地合作才能在竞争中立于不败之地。

【点　评】

戴尔·卡耐基说:"我们生活在一个十分现代、十分摩登的世界里,各技术部门的分工使我们个人的能力相形见绌,要成大事除了合作,别无他法。"

二、竞争要双赢，利益要共享

与人合作的积极目的就是双方都能获利。想独自获利是一种贪婪，而双赢则是一种"心机"，一种策略。同时，只有这样，才可以处理好与伙伴与对手的关系，为成就大事打下良好的基础。

有这么一则寓言故事：

一对狮子和一只狼同时发现一只小鹿，于是商量好共同追捕那只小鹿。它们合作良好，当野狼把小鹿扑倒，狮子便上前一口把小鹿咬死。但这时狮子起了贪心，不想和野狼平分这只小鹿，于是想把野狼也咬死，可是野狼拼命抵抗，后来狼虽然被狮子咬死，但狮子也深受重伤，无法享受美味。

狮子眼光短浅，不讲"心机"不肯与合作伙伴分享胜利，结果两败俱伤，一无所得。

这个故事讲述的道理就是人们常说的"你死我活"或"你活我死"的游戏规则！

人生犹如战场，但毕竟不是战场。战场上敌对双方不消灭对方就会被对方消灭。而人生赛场不一定如此，为什么非要争个鱼死网破，两败俱伤呢？

大自然中弱肉强食的现象较为普遍，这是出于它们生存的需要。但人类社会与动物界不同，个人和个人之间，团体和个体之间的依存关系相当紧密，除了竞赛之外，任何"你死我活"或"你活我死"的游戏对自己都是不利的。

当你欲成大事时，建议你也采用"双赢"的竞争策略，这倒不是看轻你的实力，认为你无力扳倒你的对手，而是为了现实的需要，如前面所说，任何"单赢"的策略对你都是不利的，因为它必然会有这样的结果：

除非对手是个软弱角色，否则你在与对方进行争斗的过程中，必然会付出很大的心力和成本，而当你打倒对方获得胜利时，你大概也已心力交瘁了，甚至所得还不足以偿付你的损失。

人类社会是复杂的，你更不可能将对方毁灭。如果你一时贪心，必然会招到祸患，给自己造成潜在的危机。

在进行争斗的过程中，也有可能发生意外的情况，而这会影响本是强者的你，使你反胜为败！

所以无论从什么角度来看，那种"你死我活"的争斗在实质利益、长远利益上来看都是不利的，因此你应该活用"双赢"的策略，彼此相依相存。

在商业利益上，讲求"有钱大家赚"，这次你赚，下次他人赚，这回他多赚，下回你多赚，何必那么贪心？

总而言之，"双赢"是一种良性的竞争，更适合于现代社会的相互竞争。不过，人在自己处于绝对优势时常会忘记前面那则寓言所描述的状况，其最终的结果也必然是赢得凄惨。

所以我们说，双赢竞争，共享利益才能达到成大事的最终目的。

【点　评】

但凡成大事的人都知道，注重彼此和谐与互助合作，面对利益时与其独吞，不如共享。

三、早结网才能捕好鱼

人刚踏入社会，根基都不牢固，应该寻找有助于自己成大事的人。就犹如某些大龄青年寻找结婚对象："普遍撒网，重点捉鱼。"

这道理在商场上也很适用。

商界金言曰："一流人才最注重人缘。"又说："擦肩而过也有前世姻缘。"因此商界中最重人际关系。

良好的人缘是你成大事的"靠山"，没有好人缘，你成大事的计划就如缺水之鱼，终将以死亡而告终。

确实，人缘是很微妙的东西。我们在世间的一举一动，所接触的大人物或小人物都很可能变成日后成败的因素。而世间密密麻麻地结着人缘的网，我们每一个人都生活在一个个的网眼之中，攀缘着网丝可以和许多人拉上关系。假如你们能和这么多人建立良好的人际关系，使他们成为在事业上帮助你的朋友，在生意上照顾你的顾客，相信你的事业一定非常成功。

结实、坚固的网就是你的人际关系。不用说，以此作资本，不管在买卖上或金融上或从政上都将为你开拓一条康庄大道。

因之，要做好生意一定要尽快建立人际关系。

人际关系亦即人缘，这种东西是自己要创造的，并不是从天上掉下来的。如果太客气、太害羞、太内向，将失去许多和人接触的机会。

还有，有了一点人缘，仍要努力加以扩大，加以活用，使得生意着实地向前发展。

当你在公司上班的时候，只要运用组织力量，扩大、运用公司的人际关系就可以使业务进展。公司有公司整体的信用和实力。干部有

干部之间的人际关系，并不需要中级以下职员的人际关系，公司的业务就可以推展。至于劳动者，更可以说完全不需要他们的人际关系，只要努力做工作便好。

这些中级以下的员工，一旦自主立业就变成商店或业务所的代表者、经营者，如果不赶紧改掉那种无所谓的、吊儿郎当的习性，建立、运用自己的人际关系，那么在事业进展的路途上将会到处碰壁。

公司职员在公司上班等于是在母亲怀中的婴儿，处处在父母的爱护下成长。等到长大成人要自立门户的时候，就再也不能依赖父母。父母亲若有一些人际关系让你运用当然更好，如果没有，那就得重新创造自己的人际关系才能在社会上生存下去。

所以，好的人际关系是成大事的关键。要想事业一帆风顺必须建立良好的人际关系。

敢于和人接触当然是最基本的，但并不是只要能说善道就够了，最重要的是要在朋友之间，在交往的人之间，在所有认识的人之间，建立一个"信用可靠"的印象。

有信用才会有良好的人际关系，"信者得赚"，不但要让朋友信任你，而且要让客户信赖你。

【点　评】

良好的人缘是成大事的"靠山"。没有好的人缘，你在事业的路途上将会处处碰壁。

四、选一个好对手做"靠山"

对手是成大事的参照物,也是你成大事的"靠山"。能否成大事往往就取决于你能否选择一个强大的对手。你只有胜过他,才能证明你的强大。

关于如何选择这个对手,需要我们费点"心机"。田径场上的长跑比赛,可以给我们许多启示。比赛开始,众人齐发,难分先后,但到了中途,选手们都会跟上某位对手,然后在恰当的时机突然加速超过,然后再跟住另一位对手,再在恰当的时机超过他!一直冲至终点。

长跑,尤其是马拉松比赛,是一种体力与意志力的比赛,而意志力尤其胜过体力,有人就因为意志力不足,体力本来还够时就退出了比赛;也有人本来领先,但却在不知不觉间慢了下来,被后面的选手赶上。跟住某位对手就是为了避免这种情形的产生,并且利用对手来激励自己:别慢了下来!也提醒自己:别冲得太快,以免力气过早耗尽!另外也有解除孤单的作用。你如果观察马拉松比赛,便可发现这种情形:先是形成一个个小集团,然后再分散成二人或三人的小组,过了一半路程,才慢慢出现领先的个人!

不过,对手不能随便选,要选得有价值。

你应以周围的同事或同学为目标,然而你要找的目标一定要在所取得的成就或能力方面都比你强。换句话说,他要"跑"在你前面,但也不能跑得太远,因为太远了你不一定追得上,就算能追上,也要花很长的时间和很多的力气,这会让你跑得很辛苦,而且挫折太多。

"对手"找到之后,不要盲目乱追,要对他进行综合分析,看他的本事到底在哪里?他的成就是怎么得来的?平常他做事的方法,包括人

际关系的建立、个人能力的提高等，都要有所了解。研究之后你可以学习他的方法，也可以通过自己的方法下功夫，相信很快就会取得成效——慢慢地你就和他并驾齐驱，然后超越他！

等超越现在的"对手"后，你可以再跟住另一个"对手"并且再超越。如此不断，你一定能领先他人。即使拿不到冠军，也不至于被很多人甩下。

不过你得注意一个事实，在长跑里，跟住一个对手并不一定就可以超越他，可能你刚跟上了他，他发现后几大步就把你甩在后头了！做事也是如此，好不容易接近对手，他又把你抛在后面了。当你处于这种情形时一定不要灰心，因为这种事难免会碰到，碰到这种情形，如果能跟上去，当然是要跟上去，如果跟不上去，那实在是个人的条件问题，勉强跟上去，只会提早耗尽体力。那么这样不是白跟了吗？不！因为你"跟住对手"的决心和努力，已经让你在这"跟"的过程中激发出了潜能和热力，比没有对手可跟的时候进步得更多、更快！而经过这一段"跟"的过程，你的意志受到了磨炼，也验证了自己的成绩和实力，这将是你一辈子受用的本钱！

当然你也得有这种准备：有可能你找到了对手，但就是一直跟不上去，甚至还被后面的人一个个超越过去，这实在令人难堪。碰到这种情形，我们还是要发挥比赛的精神，跑完比赛比名次更重要，人生也是如此，你努力的过程比结果更重要，只要自己真正尽力就行了。就怕半途退出，失去奋勇向前的意志，这才是最悲哀的一件事！

【点　评】

成大事和长跑没有什么区别，既然如此，那何不学习一下长跑选手的做法，跟住某一个人，把他当成你追赶并超越的目标！

五、别忘了贤内助

每个人都要成家立业，每个人也会感到心力不济，难以两头兼顾。其实事业和家庭还是可以统筹安排的，只要你稍稍花点"心机"，妻子就会成为你成大事的得力帮手。

每个成功的男人后面都有一个成功的女人，这句话具有很深刻的道理。不可忽视"小女子"对你的经营才能的影响。有一位能够帮你的妻子，会使你的经营走向更大更快的成功。一个"讨人喜欢"的妻子，可能是你的商业之旅的有力后援者。而一位不合作的妻子，可能是你的生意场的一个破坏者，她甚至有可能使你成为一个庸碌无能的失败者。

因此，你若想知道你的妻子到底是不是一个合作者就须先费点"心机"了解你的妻子。这里让我们一起想个办法来评价一下你的妻子吧。记住，当你的妻子在被你评估时，你也是在评价你自己。坐下来，拿出纸和笔，尽可能坦诚与客观地对下列问题作出回答：

你的妻子在见你的老板和你的商界熟人时是否感到不自在？

你能信赖你的妻子扮演即兴女主人，艰难地做完一件事而没有任何明显的障碍吗？

你的妻子在你说明你得出发去搭下班飞机到外地时，会持体谅和赞成态度吗？

你的妻子鼓励你作出有关你的生涯的重大决定吗？不论决定是对是错，她会支持吗？

你的妻子像一块问题"共鸣板"般对你有利吗？或她对你不耐烦而结束你们的讨论，然后让她自己讲话吗？

你的妻子采取积极的行动提升你个人的公众形象,尤其是在她接触到的"重要人士"那里,她会这么做吗?

做完了这个测验,看你得出的结论是什么,你的妻子到底是你成大事的后援支持者还是阻碍破坏者。如果你的妻子是你个人生涯的后援支持者,你应当感谢上帝,你有了一个能真正帮助你的人,你的事业会更容易获得成功,向你的妻子表示感谢吧!

如果你没有那么幸运,她不是一个后援支持者,甚至是一个阻碍破坏者,你也不必恼火,学会让你的妻子变成你职业生涯的支持者。

别小看人的学习能力。一个本不具备某项技能的人,经过认真的学习,也是可以具备这项技能的。一个成功的生意人会很注意培养自己的经营感觉。他会不断寻找新的工作技巧增进自己的商业才干。他不是仅仅在一天8小时的工作中注意学习,而是把经营感觉的培养变成了一个24小时的工作。他注意选择自己接触的人,保证自己在工作之中和工作之外接触到的人都有利于自己培养领导素质和经营感觉。自然他的妻子也不会例外。

正如前文所述,并不是每一个妻子都适合进行经营感觉培养。有的妻子是有力的生涯后援者,而有的妻子则是生涯的破坏者。如果你的妻子是前者,你就要多多从她那里汲取营养,让他走进你的培养环境。如果你的妻子是后者,就设法改变她,使她变得更像前者,然后也让她进入你的培养环境。

你的妻子如果是你的生涯后援者,她会扮演迷人女主人的角色,会为你牺牲、付出,但毫无怨言。喜欢接触人又天生爱社交的妻子将无可估量地增加她丈夫的冲劲。

你的妻子如果是你生涯后援者,就会让主事者主其事。经理人员不只是管理他自己的工作和他的员工,他还要管理自己的生涯,肯奉献的妻子常对丈夫的能力表示出让她得意的看法。在她看来,他所做得任何事都能做得比别人好。

当然如果你的妻子野心太大,你就会陷入危险状况,妻子会变成

后座经理。她会扩大"生涯成长规模"直到超出了它该被扩大的地步。你妻子所采取的最健康、正常的策略是认真而又有智慧地对你说:"亲爱的,我不太了解这件事,我对你的能力有信心,因为你一直在做那工作。若是你认为可以因为改变有更好表现,我永远支持你。如果你决定留下来,那也很好。但是作决定的是你自己,因为只有你够格评估这些因素决定你自己的选择。"

你妻子若是有技巧又体谅的"共鸣板"型女人,要认为自己幸运。当你心情变化时,将那双有同情心的耳朵物尽其用。若较好的另一半是个天生"顾客",就要她提供关于房子、孩子及你社交生活的劝告,但绝不要扯上你的工作。

你的妻子可能会成为最佳的"公关人员"。为提升你的公关地位,她可以想尽各种办法。

【点 评】

夫妻本是同命鸟,你在前线奋斗,你妻子没有理由不支持你。即使她阻碍了你,那也是因为帮助的方式不对。作为一个成大事的男人,要积极引导妻子以正确的方式帮助你,成为你生涯的后援者。

六、不能与之合作的三种人

根据大量的合伙经营的案例研究,至少有三种类型的人不能与之合作,他们不仅不能成为你成大事的"靠山",而且会成为阻碍你成大事的"绊脚石"。如果你遇到这三种人,根本不用再花"心机"去研究,只需即刻远离。

1. 好话说尽、食言自肥型

工商界的组成分子是极其复杂的,争利的手段也是千变万化的。

一些人仗着自己有一点小聪明，自以为对商场的人情世故懂得比别人多，因而"走火入魔"，认为商场就是人骗人的地方，总想在与别人合作中多捞一点，多占别人一点便宜。于是，他们在与别人的合伙中对合伙人没有半点诚意，把对方当成傻瓜，想自己的利益时多，想别人的时候少，斤斤计较，总想自己多占一点，少做一点。对于这类人，不能与之合作。这种类型的人都有一个共同的特征，那就是能屈能伸，要与你合作或有求于你时，他说话时音调动听极了，这就是所谓好话说尽。一旦目的达到，过去所说的话都忘得一干二净，完全站在自己的利益上打算盘，这就是所谓食言自肥。

照这样的说法，没有人愿意与他们合伙做生意，但事实上这类人又常常得逞，原因到底在哪里呢？因为这类人有很大的欺骗性，在实际生活中不容易对他们进行甄别。他们的一大"法宝"就是遇到人们的责难和质问时，能说出一大堆理由来解释，连拍带哄，说得你有脾气都没法说出来。这类人眼睛都亮得很，心里有一杆很精密的小秤，对与自己有关系的人都做过估量。凡是对他有利能帮助他的人，他不仅好话说尽，而且在必要的时候他也甘愿吃亏，以表示他的豪爽、耿直；可是对于那些不能帮助他的人，他就换了一副面孔，其态度之傲慢、表情之难看、说话之难听，真叫人难以想像。总之，这类人把商场中的坏习气都学到了家，如果再有一点表演天才，喜怒哀乐，学啥像啥，即使商场老手，社会经验丰富的人，也会被他耍得昏天昏地，上当受骗。

2. 眼高手低、耐心不足型

一些人不甘心替别人当员工，再加上筹措一笔资金也不太困难，于是便有了自己当老板的念头。他们认为，只要有钱做生意是最简单的事情；只要自己往椅子上一坐，自有手下的人替他效命卖力。他们认为，有钱能使鬼推磨。听起来，他们的想法一点也没有错，只要你肯出高薪，不怕请不到人才，但是请来的人才如何用，这才是决定你够不够资格当老板的关键所在。

还有些人本身贪图享乐，不能从事艰苦复杂的创业工作，但现在

每月的收入不足以维持消费水平,看到当老板的很神气,出入有轿车,高档宾馆常来常往,应酬时灯红酒绿,轻歌曼舞,于是便想自己去当老板。他们只看到了成功后的享受和荣耀,却看不见创业的艰辛,眼比天高,心比山大。没有合伙之前说起创业来豪言壮语,信誓旦旦,发誓要干出个名堂来,一旦进入实质性的运作,需要投入艰苦的劳动时,需要长时间的努力时,就没有往日所说的那种干劲了,或是得过且过,贪图享乐;或是工作没有主动性,平日在单位上为别人干事时应付了事的那一套坏习气就出来了。很多受过良好教育,家庭环境又不错的,现在个人收入勉强过得去的人,最容易成为眼高手低,耐心不足型的人。他们没有受过生活的磨难,没有经受过创业的挫折,不懂得创业的艰辛,便以为当老板容易,做生意容易;一旦需要投入艰苦的工作,需要长时间的努力时,便显露出眼高手低,耐心不足的毛病。

3. 自以为是、刚愎自用型

三国时代的马谡自认为从小熟读兵书,深知用兵之道,在守街亭时不听副将王平的劝阻,执意要把营寨建在高山之上,结果被魏军团团围住,几次突围没有成功,加上水源又被拦截,军心动摇,终被魏军击败,街亭失守。面对魏军的长驱直入,幸亏诸葛亮大智大勇,上演了一出空城计,方才转危为安。马谡的错误造成街亭失守,军纪不容,诸葛亮不得不挥泪斩马谡,从此,马谡一直就成为自以为是、刚愎自用的典型人物。

连马谡这样博学多才的人都能犯下弥天大错,何况普通人呢?一些人自认为自己比别人聪明,分析力比别人强,听不进他人的意见,总以为自己的观点与看法是最好的。当别人对他的一些观点或看法提出不同的意见时,他常认为没有必要进行修改。对别人的意见或建议,轻易地给予否决,自己又提不出更好的方法来。思维方法是以偏概全,以点概面,偏激、固执,不易与人合作,这样的人当然不能与之合伙创业。

缺点当然不可避免,对于一般的缺点与局限,我们在选择合伙人

时不能求全责备,要求对方十全十美,这事实上是办不到的,因为我们自己都不是十全十美的。但对于具有上面所言的三种缺点与局限的人,我们一定不能与他们合伙创业,因为这些缺点错误是本质性的错误,是长期形成的,一时半刻也改不了。

人也不可一眼看透,识别人是相当困难的。唐朝大诗人白居易在一首诗中写到:"赠君一法决狐疑,不用钻龟与祝著。试玉要烧三日满,辨才须待七年期。周公恐惧流言日,王莽谦恭未篡时。向使当初身便死,一生真伪复谁知。"在这里,白居易强调了识别人的两个基本方法,第一:实践——试玉要烧三日满;第二:时间——辨才须待七年期。这些方法都值得我们在识别不可以合伙者时学习和借鉴。

【点　评】

大千世界,芸芸众生,每个人都有可能成为你成大事的合作伙伴。你成功与否,关键在于有没有选好合作伙伴。所以,宁可不选,不可错选。在这方面,一定要"心机"缜密。

七、与伙伴们分享荣耀

成大事之人都是有"心机"之人,他们非常明白:一个人分享成果"吃独食",会引起其他人的反感,从而为下一次合作带来障碍。

正确对待荣誉的三种方法是:感谢、分享、谦卑。我们要强调分享,与人分享是一种获得别人真诚合作的"心机",也是成大事的基础。

美国有家罗伯德家庭用品公司,八年来生产迅速发展,利润以每年18% ~20%的速度增长。这是因为公司建立了利润分享制度,把每年所赚的利润,按规定的比率分配给每一个员工,这就是说,公司赚得越多,员工也就分得越多。员工明白了"水涨船高"的道理,人人奋勇,

个个争先,积极生产自不待说,还随时随地地挑剔产品的缺点与毛病,主动加以改进。

与人合作,有福同享,有难同当。当你在工作和副业上干出点名堂,小有成就时,这当然是值得庆幸之事,你也应当为自己高兴。但是有一点,如果这一成绩的取得是大家集体的功劳,或者离不开他人的帮助,那你千万别独占功劳,否则他人会觉得你好大喜功,抢占了他人的功劳,如果某项成绩的取得确实是你个人的努力,当然应该值得高兴,而且他人也会向你祝贺。但对于你来说,千万别高兴得过了头,一来可能会伤害有些人的自尊心,另一方面,现实社会中害"红眼病"的人不少,如果你过分狂喜,别人能不眼红吗?

有一位卡凡森先生很有精力,他是一家出版社的编辑,并担任下属的一个杂志的主编。平时在单位里上上下下关系都不错,而且他还很有才气,工作之余经常写点东西。有一次,他主编的杂志在一次评选中获了大奖,他感到十分荣耀,逢人便提自己的努力与成就,同事们当然也向他祝贺。但过了个把月,他却失去了往日的笑容。他发现单位同事,包括他的上司和属下,似乎都在有意无意地和他过意不去,并回避着他。

过了一段时间,他才发现,他犯了"独享荣耀"的错误。就事论事,这份杂志之所以能得奖,主编的贡献当然很大,但这也离不了其他人的努力,他们当然也应分享这份荣誉。他们不会认为某个人才是唯一的功臣,总是认为自己"没有功劳也有苦劳",自己"独享荣耀",当然会引得别人不舒服,尤其是他的上司,更会因此而产生一种不安全感,害怕失去权力。所以,当你获得荣耀时,应该做到以下几点:

1. 与人分享

别人或许不羡慕你得了多少利润,而是那种取得成绩的感觉,你应主动和口头上感谢他人的帮助与合作。你主动与人分享,这让旁人有受尊重的感觉,如果你的荣耀事实上是众人协力完成,那你更不应该忘记这一点。你可以采取多种方式与人分享,如请大家吃几颗糖,

或请大家吃一顿。这样大家就不会说什么了。

2. 感谢他人

要感谢同仁的协助,不要认为这都是自己的功劳。尤其要感谢上司,感谢他的提拔、指导、授权。如果实情也是如此,那么你本该如此感谢;如果同仁的协助有限,上司也不值得恭维,你的感谢也有必要,虽然显得有点虚伪,但却可以使你避免成为他人的箭靶。为什么很多人上台领奖时,他们首先要讲的话就是:"我很高兴!但我要感谢……",道理就是如此。这种"口惠而实不至"的感谢虽然缺乏"实质"意义,但听到的人心里都很愉快,也就不会妒忌你了。

3. 为人谦卑

得了荣誉,当然要沾沾自喜,有些人往往还会得意忘形。这种心情是可以理解的,但旁人就遭殃了,他们要忍受你的气焰,却又不敢出声,因为你正在锋头上。可是慢慢的,他们会在工作上有意无意地抵制你,让你碰钉子。因此有了荣耀时,要更加谦卑。不卑不亢不容易,但"卑"绝对胜过"亢",就算"卑"得过分也没关系,别人看到你如此谦卑,当然不会找你麻烦,和你作对了。

当你获得荣耀时,对他人要更加客气,荣耀越高,头要越低。另一方面,别老是提及你的荣耀,说得多了,就变成了一种自我吹嘘,既然你的荣耀大家早已经知道,那你何必要总是提及呢?

有"心机"的人不会独享荣耀,说穿了就是不要去威胁别人的生存空间,因为你的荣耀会让别人变得黯淡,产生一种不安全感。而当你获得荣誉时,你去感谢他人、与人分享、为人谦卑,这正好让他人吃下了一颗定心丸,人性就是这么奇妙,没什么话好说。因此,当你获得荣耀时,一定要记住以上几点。如果你习惯了独享荣耀,那么总有一天你会独吞苦果!

【点　评】

当你在工作上有特别表现而受到肯定时,一定要长点"心机",千万要记住这一点:别独享荣耀,否则这份荣耀会给你的人际关系带来

障碍。

八、合作但不要轻信

要成大事就不可轻信于人,哪怕是自己的亲朋好友,否则难成大事。有"心机"的人总是给自己留一手,因为人心防不胜防,有防人之心可应对突如其来的变故,最终成就大事。

慈祥、和蔼的爷爷正和小孙子在屋里玩耍,爷爷满脸爱意地和小孙子在沙发、窗台间转来转去,小孙子玩得开心极了。

小孙子见爷爷今天情致这么好,也异常顽皮。爷爷把他放在壁炉上,鼓励他使劲儿往下跳,跳了一次,爷爷接住了他,又把他抱上壁炉,鼓励他再跳。小孙子看见爷爷伸着手,毫不犹豫地跳下来,但这一次,爷爷突然缩回双手,小孙子扑通一声掉到地上,痛得大哭大闹,爷爷却在一旁微笑着。

面对旁人不解的神色,爷爷回答道:"我是个成功的商人,我知道怎样去相信别人。而小孙子并不知道,他以为爷爷是可靠的。但这样的事情重复上二至三遍,他就会渐渐明白:爷爷也不可靠,不要盲目相信任何人,靠得住的只有自己。"

能在瞬息万变、风云莫测的商场中成就大事的人必不能轻信于任何人。虚假的需求信息,深藏欺诈的报价,吹得天花乱坠的广告,都是防不胜防的陷阱,你若没有"心机",随时可能血本无归。

孙子兵法云:知己知彼,百战不殆。尤其是与人合作,更不可忘记这一深刻的古训。永远对你的对手保持警惕和戒备,随时随地密切注视对手的情况,如果不把问题弄个水落石出,就仓促与对方签合同做生意,将是十分危险的。据资深的厨师讲,每条鱼的纹路都不一样,从鱼的外观可以分辨出鱼的味道,而我们多数人在同对手打交道很长时间后,仍然对对手的情况知之甚少,而且我们还缺少对他们了解的好奇心,这样粗枝大叶地做生意,又怎么能指望获得全面的胜利呢。

还有的人对信誉的依赖过分突出。不错,越来越多的商人懂得建设良好的信誉意味着生意的兴隆。信誉作为自己的事情,当然越牢固越好,但具体到每一笔生意时,信誉是不能依靠的。

孙子兵法还说:兵不厌诈。有"心机"的成大事者和高明的骗子都知道这个道理,很可能刚开始在你面前显示的几次信用不过是诱你步向深渊的一个诈术。

【点　评】

在商海中沉浮的成大事者非常清楚,即使成功地与对方合作了一次,并不意味着下一次就有保证。轻易取信于人带给你的只是一个虚幻的"靠山",目的不是成就你,而是打败你。

九、如何与大老板交往

对于一个尚在平凡中游走的人来说,老板将是你成就大事最直接最有效的"靠山"。但老板不会主动找上门,你需用点"心机"主动接近老板。下面是几种与老板交往的方法:

1. 必须掌握实力关系

大公司的老板或知名老板是很难与一般老板会面的,但是,若能与他们合作或与他们交上朋友那真是很荣幸也是很珍贵的,因为从他们那里你会大开眼界,学到许多你平常学不到的东西。

要与大老板交往,最基础的工作就是要掌握大老板的各种关系。

大老板也是人,不是神,他有各种社会关系,有各种各样的业务,

也有各种各样的喜好、性格特征。特别是现代媒体，经常关注一些大老板的情况，从中你定会了解一二。你可以从他的历史上认识他，他的过去、他的经历、他的长辈，也可以从他的亲属、他的朋友、他的子女那儿认识并了解他。

从业务上了解大老板也是一条好途径。他经营的范围主要是哪些，次要是哪些，他的分公司、子公司分布在什么地方，这些公司的经营者是谁，他多长时间会查看分公司、子公司等等。

也可以从兴趣爱好上了解大老板。他喜好什么运动、什么物品、什么性格的人，他喜欢或经常参加什么聚会，他休闲、娱乐的方式有哪些等等。

总之，要结交一个大老板又没有机会的时候，你不妨从以上几方面去了解，总会发现一些机会的。

2. 制造初次见面的氛围

当你发现或者创造了与大老板见面的机会后，最重要的便是如何制造一种特殊的会面氛围。因为，在众多的人物当中，也许你本身就是芸芸众生中的一员，说不定连话都跟大老板说不上。

在选择位置上，一定要选择一个与大老板尽可能近的位置，以便他能发现你，并且一有机会便可搭上关系。

同时，要以穿着表现自己的个性，因为与人第一次交往，别人往往是从服饰上得来第一印象。着装要表现个性、特色，使人一目了然。

要针对大老板关注的事情予以刺激，要尽快发现对方关心注意何事，找到适当的话题，抓住对方的注意力，刺激对方对自己的兴趣，话语要力求简洁、有独创性，使对方产生震撼，留下较为深刻的第一印象。

3. 赢得大老板青睐的方法

适当展示自己的能力是赢得大老板青睐的重要方法。大老板一般都喜才、爱才，如果你一贯表现出对他意见的赞同，不敢表现自己独特的见解，他会反感你的。因此，适当表现自己的独特才干，是会受大

老板喜爱的。当然,你不能表现得太过锋芒毕露,让人一见就觉得有喧宾夺主之感。

别出心裁送礼品是联系大老板情感的重要方式。这要针对大老板的具体情况,不能千篇一律,不能委托他人。当然,不一定昂贵就是好礼品,要赠送,就要送他特别喜爱的礼物才是。同时在赠送方式上也要别出心裁,包装样式、赠送仪式都要显得别具一格。有时,你不妨请他的太太代理,或许效果会特别的好。

写信是交流思想、联系感情的好方式。随着电讯事业的发展,电脑技术的开发,很多人的联系方式都是通过电话、手机、电脑等,很少再看见以书信方式交流了。其实,人人都希望有一位朋友悄悄跟自己说话,书信便是最好的方式。在书信里你不必有过多顾虑,袒开心扉与之交流吧!也许,你只花几分钟,相当于同他交流几小时呢。因为,书信给人想像的空间很大很大。当然要注意,书信的字不能太潦草,也不能用印刷品,让人觉得很不真诚。

【点　评】

如果你不甘于平凡,那么就试着走近老板,让老板在你成大事的路上助你一臂之力!

十、结交名流也让你成为名流

要与一流人物交往,使自己成为一流人物。

在自己所处的环境里,能与站在顶点地位的一流人物交往,并学习其观念、优点、做法,才能引导自己向上。名流中固然有名不符实者,但毕竟大多数人确实是有本事和才能的,倘若能吸取他们经验和观点中的精华,对你成大事必将大有助益。而与那些远不及自己的人往来,最后很容易使自己落到那些人之后。

结交名流也可能获得更切实的帮助。如果你立志在商界成就一番大事业,首先就要想办法接近商界名流,与其交往,建立起良好的信赖关系。他们一旦与你建立了信赖关系,就会考虑:“替你这个人找个机会造就人才吧。”如此一来你的命运可能会大获改观,甚至可能一层层地脱胎换骨,一步步走进名流社会。可能你还没有真正认识到,有名的人往往有深远的影响力,一句赞许的话就可能使你受益颇多。

在心理学上有一种“趋势”心理,就是结交、崇拜、依附有名望者的心理,这种心理绝大多数的人都有,只是程度不同而已。它反映出人心理上希望提高自己的社会地位,平等地与名人交往。

有一个著名的公关专家曾经说过这样一段话:“要成大事,人际关系不容忽视。费心安排的话,人际关系便能由点至面,进而发展成巨树。有了巨树我们才能在树荫下休息,坐享利益。社会地位愈高的人,在拓展事业的时候,人际关系就愈重要。但是,总不能因此就拿着介绍信去拜会重要人物。就算登门造访,人家也未必有时间见你,因为执各界牛耳的人物们,通常都排有紧凑的日程表,即使见面,大概顶多也不过5分钟、10分钟的简短晤谈,无法深入。所以,制造与这些人

物深人交谈的机会,非得另觅办法不可。"

而另一位著名的企业家却通过"十年修得同船渡"的方法结识许多社会名流,他的经验是:"在每次出差的时候,我都选择飞机的头等舱。一个封闭的空间,不会有其他杂事或电话干扰,可以好好地聊上一阵。而且搭乘头等舱的都是一流人士,只要你愿意,大可主动积极地去认识他们。我通常都会主动地问对方:'可以跟您聊天吗?'由于在飞机上确实也没事可做,所以对方通常都不会拒绝。因此,我在飞机上认识了不少顶尖人物。"

【点 评】

结交名流时,无须畏缩,只需要你拿出勇气和智慧来,与名流交往、沟通,不断地从内在和外在两方面一起提升自己,一步步迈入名流行列,成就大事。

十一、善交对自己有益的人

善于结交对自己有益的朋友是一个有"心机"之人具备的长远眼光。朋友是一种资源,尤其是成大事的资源。

俗话说,多一个朋友多一条路。一个人没有朋友,也就差不多无路可走,寂寞一生。尽管交友不易,但我们每个人还是要面对这个问题。一个人能交上一些好朋友,在成大事的道路上方能有求必应,游刃有余。如果你交到了一些坏的朋友,那就更糟了,还不如不交朋友。因为你交到了一些坏的朋友,要么被人暗害,要么被人引入歧途!

人性丛林中的人可谓形形色色,每个人都有自己的品性,对待朋友的态度和原则也各不相同,有的人每天向你耳边尽吹好听之言,有的人经常给你提个醒,或者提出批评,看到你不对就修理你;有的人热

情得如火如荼，也有的人冷漠如冰；有的人与你交友是因为你对之有利，有的人交友则完全是出于一片衷心……

交友的情形如此复杂，朋友好坏又很难分辨，有时当你发现自己交上了一个坏"朋友"时，也许已经来不及了。因此为了避免交友中出现一些不良因素，多多参考一些他人的交往经验是很重要的。有一点也许对我们每个人都很有价值——在交朋友时，那些经常批评你的人是值得交往的。

与那些只说好言的朋友相比，经常给你提出批评意见的朋友似乎有点令人讨厌，因为他说的都不大中听，你向他道出一些自认得意的事，他却偏偏给你泼来一盆冷水；你热情地向他描绘自己满腹的理想与计划，他却毫不留情地指出其中的问题，有时甚至不分青红皂白地把你做人做事的缺点数落一顿……反正，你从他嘴里经常听到一些不大顺耳之言，这种人看来还真有点让人讨厌！

但如果你对现实社会冷静思索一番就会发现，其实这种人大有可交的一面。如果你错过了这种人，那多少有点可惜。

按照现代人的处事原则，一般人都会尽量不去得罪他人，大都宁可说好听的话让人高兴，也不说一些属于实情却让人讨厌的真话。当然，那些说好听之言的人不一定都是坏人，而且这也是一种交际的手段。但如果从交友的角度来看，只说好听的话，就失去了做朋友的义务。明知你有缺点而不说，还偏偏说些动听的活，这算什么朋友？如果他还进而"赞扬"你的缺点，则更是别有居心了！这种朋友就算不害你，对你也没有任何好处，何必还浪费时间交往。

现实生活中之所以有很多这种只说好话之人，也是因为有很多人喜欢他们如此。碰到光说好话的人便乐得不得了，不知是非。如果对他人所说的话感到不满意，就觉得别人不怀好意，心术不正，或者有意给自己难堪。如果细加思索，你就不难明白，这两种人孰好孰劣了。

因此，在这种现实情形之下，如果有人还经常给你吹点不顺之风，经常提出一些意见，你首先应该觉得这种人可贵，然后你再对之细加

分析,如果他提的逆言都是事实,对你有利,那就是"忠言"。俗话说,"忠言逆耳利于行"。对于这种人你就应该与之诚交、深交,因为他值得一交!

【点 评】

一个人一生的成功,与自己所交的朋友密切相关,有些人因朋友相助而获得成功,也有人因受"朋友"之害而导致失败,甚至倾家荡产,妻离子散!

十二、把握好升迁的垫脚石

"谁是一般员工的对手?"换句话说,你要想成大事,谁是你最需要竞争的人?对这个问题,大部分人可能都会立刻回答:"是同期进入公司的人。"其实,这是一个非常大的误解,因为对员工而言,最大最强而又最需要小心戒备的对手,是他的顶头上司。

理由很简单,假设你现在是公司的一般员工,你的顶头上司是现任的科长,你当上科长他又升为处长,你当上处长他又升为总经理,假如你以后成功地当上总经理,他又成了董事长的话,你和你目前的顶头上司,关系应该可以保持友好融洽。但是,实际上不可能事事如此顺合人意。

自然,你的顶头上司对此是一清二楚的。

在升迁仪式上的致谢辞里,有人会说,"我之所以有今天,都是上司的提携所赐……"其实这都只不过是冠冕堂皇的社交辞令,有多少是出自真心呢?

从人的本性来看,我们认为:上司是不会提拔有可能成为自己竞争对手的部下的。相反,如何湮灭部下绽放的光彩,挤压部下使其不

见天日,才是上司处心积虑的。这种情况固然是人们所不愿意看到的,却是现实生活中客观存在的现实。

上司与部下是竞争对手,很多人一定觉得不可思议。这里,不妨以几年前美国某航空公司连续发生的不幸事故作为证明。

该航空公司的工会势力非常强大,一有情况发生,就立刻采取罢工的过激行为与公司对抗。公司的决策层总想避免发生罢工,但就是无法做到。于是,一些有智之士就想出一个"妙法",把机长全部调换由管理阶层(亦即非工会的人)来担当。如此一来,即使工会罢工,飞机依旧可以照开无误。大家一致认为这是一个好主意,就决定采取这个方法。此即所谓的"机长管理职制度。"

但是,自从这个所谓的"机长管理职制度"实行之后,该航空公司却接连地发生了好几起人命关天的大事故。为此,大家都猜测这些事故是否和制度之间有因果关系,更有人指明:"机长管理职制度"就是造成事故的最大原因。

理由是:飞机操纵室里有机长和副机长,在"机长管理职制度"之前,两者的关系是同属一个工作岗位的伙伴,最多也是前辈与后辈的关系罢了。但是,机长改由管理阶层担任后,机长的工作中还附加了对部下勤务的评定。两者之间的关系就纯粹是上司与部下,也就是打分数与被打分数者之间的关系。

在这种上下级关系中,如果副机长想要升为机长,就必须依赖机长给予优异的工作评定。而从机长的立场来看,如果给下属分数打得太高,副机长就要升格为机长,那自己的机长宝座岂不是面临着江山易主的危险?于是,为保住自己的职位,机长就必须专找副机长的喳儿,尽量压制副机长的成绩,给他不好的成绩。如此一来,机长在副机长的眼里,就变成阻碍自己升迁的最大敌人了。

在这种情况下,以往是同等科技人才且关系良好的机长与副机长,已经被"机长管理职制度"所破坏,演变成敌我的对立关系。原本应该彼此通力合作才能完成安全飞行的机长与副机长,却在狭小的操

纵室里,彼此疑神疑鬼、勾心斗角,这样怎能期望有平安的飞行呢?

既然你已经明白顶头上司是你升迁成大事的最大障碍,那么如何与他相处呢?有"心机"的人认为不外乎以下两点:

其一,你在单位的根基还不深,资历也太浅,即使顶头上司走人,空下来的位置也轮不上你,那么最好还是让现在的上司暂时替你把位置先占着。在这种情况下,你唯一需要做的就是全力帮助上司干好工作。因为,不管你有没有越级的上司做靠山,顶头上司始终都是要时常相对的,而且他掌握着你的命运,是不能不认真对待的人。

其二,假若顶头上司离开,能够接替之人非你莫属的话,不要急于求成,要通过你的努力表现赢得他的赞赏,让他由衷地举荐你。让他成为你升迁成大事路上的垫脚石。

十三、与人合作从着装入手

常常听到的牢骚是:活着真不容易。这句感叹里隐藏的就是成事难的哀叹。的确不管是做什么事总是会遇到各种各样的障碍。尤其是面对陌生人更是一筹莫展,假如能从对方衣服入手了解对方是个什么样的人,与其合作做事将不再是难事了。因为每个人所选购的衣服,包括颜色、质地等都无一例外地把自己的心理状态表现得袒露无遗。

(1)满足着装华丽者的表现

在大庭广众之中,我们可以发现某些人总是穿着引人注目的华美服饰,这种人大体上有强烈的自我表现欲。同时这种人对于金钱的欲望特别迫切。所以,当你与这类身着华服的人做生意时,你就能洞察到他(她)们的这种心理,多夸奖他(她)们的服饰,满足其膨胀的表现

欲是一个好办法，这种人不仅不会与你为敌，反而会轻易地答应你所提出的条件。

(2)给着装朴素者留点面子

有一种人穿着非常朴素，不爱穿华美的衣服，这种人大多缺乏主体性格，对自己缺乏信心。希望对别人施予威严，想要弥补自己的自卑心理。和这种人谈生意时，千万注意别与他们争执不休，因为越是自卑的人，越想掩饰自己的自卑，越会与人喋喋不休地争吵，以期保存残存的一点点面子，争吵绝对不利于和他保持良好的生意关系。这时候，你可以大大方方承认他的观点，他反而会感到你的宽容大度，在对方心平气顺的时候，你可能会取得意想不到的效果。

(3)流行是着装时髦者永远感兴趣的话题

有一种人，完全不理会自己的嗜好和别人的看法，甚至说不知道自己真正喜欢什么，他们只以流行为嗜好，向流行看齐。实际上，这种人在内心深处常有一种孤独感，情绪也经常不安。与此类人打交道，可以采取“以迂为直”的策略，你不妨也来点“时髦”，并尽量从时下最流行的事和物谈起，从而引起对方对你这个人感兴趣，然后再逐步切入生意的正题。

(4)谨慎对待不理时尚的着装者

有一种对于流行的状况丝毫不为所动的人，这种人的个性可以说是十分强硬，但也有一些人是不敢面对外面的花花世界，而一味地把自己关在小屋子里。这种人认为；如果事事跟别人趋同，岂不是等于失去了自我？这种人常常以自我为中心，经常弄得大家索然无味。和这种人谈生意，要采取“顺毛摸”的办法哄着、顺着，在其兴高采烈之中，不知不觉拍板成交。

(5)让突然改变着装习惯者得到赞美和认可

也许你某一天发现经常打交道的客户突然改变了习惯的穿戴，你千万不要惊慌，对于这种突然改变自己服装嗜好的人，你若想与他保持良好的关系，应当显得不当一会儿事；或者赞美他穿什么都很不错

之类的话，相信他的心灵大门一定会向你敞开，你承认对方的态度比别人质疑的态度要强，你会赢得别人的回报——订单。

(6)对流行不狂热也不漠然的着装者最可靠

这一类人处事中庸，情绪稳定，一般不会做什么出格的事。他们多有理性，不过于顺从欲望，也不盲从大众时尚。此种人比较可靠，值得结交。与他们做生意应以诚为本，因为他们既是你可以信赖的客户，也可能成为你今后的长期客户。

【点　评】

寻找成大事的“靠山”并不是一件太容易的事，但若你善于观察，从合作者的着装入手，把握对方心理，那么要成大事也不是太难的事。

潜规则三：取人脉存折 编织左右关系网

心理学家说"逢迎"是人性的内在需要，"逢迎"对世间之人没有不受用的，

恰到好处的"逢迎"会让你大受欢迎，从而为成大事织下一张结实而耐用的关系网。由此看来，"逢迎他人"是成大事路上必备的武器，有了它，不仅会让你在生活中游刃有余，畅通无阻，而且会让你在事业上平步青云，轻而易举抵达成功之巅。

一、逢迎红人

成大事离不开人际交往，人际交往又绝离不开“逢迎”。

请看一个故事：

新主管来了，在第一次会议中，小柯抢在所有同事前面，大声称颂新主管在前一个单位中的贡献与成就，并肯定他的能力与学识，“相信在科长的领导下，本科会创下有史以来最好的成就！”小柯一副兴奋、期待的表情。而听了一番奉承话语的新任主管，尴尬中夹着自得，任何人都看得出来，小柯的话对他产生的作用。

小柯逢迎后，新任主管对他不错，不但有事咨询会找他，也交给他不少重要任务，小柯一夕之间成为同事口中的印第安人——红人。

一年后，新任主管走了，来接任的是原来主管的死对头，在第一次会议中，小柯又抢在所有同事前面对新主管大肆赞扬一番；但和上次不同的是，他也把前一任主管大骂一顿，说他如何不公，如何有私心，如何无能，听得新来的主管“平静的脸庞隐约漾起笑纹。”

小柯当然又成了“印第安红人。”

与其说小柯的行为“很恶心”，不如说他深深懂得人性的需要，因此发展成一套求生存进而成大事的秘诀。

任何人都需要被肯定，小孩子你称赞他“很聪明”、“很乖”，他便高兴，女孩子你称赞她“美丽大方”，她便高兴，成年人你称赞他“能力好”，他便高兴……“肯定”二字对一个人的心理的确有令人难以理解的“神效”，因此“肯定”这个行为便被运用为横向及纵向人际关系的“处方”——不管这些“肯定”是真诚的还是虚假的。

一般的“肯定”多用在横向的同事、朋友之间及纵向主管属下之

间，但事实上，主管也需要属下的“肯定”，为他的领导寻找基础及“安全感，否则听不到“肯定”的声音，便会有高处不胜寒的孤寂，也就因为如此，所以才有“逢迎者”的出现；有“需要”就会有“供给”，这是很自然的现象，而“需要者”，在获得满足后给予“供给者”回馈更是人之常情，因此，对“逢迎”感到“恶心”就大可不必了。

至于小柯在新主管面前大骂旧主管，此种行径也不值得大惊小怪，因为世上就是有这种人，为了自己的利益可以不顾恩义，这种人虽然可以获一时之利，但长远来看，对他还是不利的；因为人性固然“利己”，但对别人却还是有客观的道德标准的(对自己另当别论)。而对小柯极为不利的是，他这种性格因为太鲜明，好掌握，终将成为有心人利用的对象，利用过后便弃之如敝屣，因为这性格不具备被尊重、珍惜的元素，尤其是，利用他的人也害怕不知何时会被这种人反咬，所以不如“用过就丢”。这是像小柯这种人的悲哀，更悲哀的是，这种人也永远不会知道、不会承认这种“悲哀”的存在及可能性。

话说从头，“逢迎”是你成大事路上的“必需品”，那么该如何“迎”才能“恰到好处”？

或许人人各有巧妙，不过原理都一样——让对方感到受尊重、受肯定、感到高兴就对了。

言语上的“逢迎”最普遍，但要看对象，就有人不吃这一套，也有人不喜欢过度露骨的奉承，因为有些人不喜欢被他人看出他是个“爱听奉承话”的人。不过无论如何，一两句“逢迎”也是值得说的，这也是一种属于“礼貌”的“场面话”。

【点　评】

切记“逢迎”绝对是一门高深的艺术，需要你在实践中不断揣摸应用，为成大事做好充分的准备。

二、选准逢迎对象

并不是每个人都值得你去逢迎，对有益于自己，尤其是能帮自己成大事的人，则是逢迎的对象。

中听的话虽然次次听起来都中听，但这话天天听便不金贵了。比方说如果你是某公司的总经理，你有两个直属手下，其中甲天天对你奉承，乙则沉默寡言从来不说阿谀奉承的话。设想忽然有一天，乙也来奉承你，不用说，乙这一招有效得多，也许甚至使你受宠若惊，觉得不胜受用。

逢迎的目的不过是攻心，如何一击即中呢？且举一例。

银行的港区总经理杜先生做了一单大生意，备受手下群臣的奉承。在每周业务会议上，差不多谁都说了几句奉承话了，就只有张经理笑而不言。这单生意的成功正合时机，因为总行的总裁马上要来亚太区巡察业务。

总裁到后，清早在大酒店召集所有高级职员共进工作早餐，并在火腿蛋与咖啡之间发表讲话，讲总公司的生意大计。讲毕是发问时刻。直到此时才见张经理出击：他通过发问一个生意策略的问题，当众高度评价他的老板杜先生领导有方，做成大生意。不用说，张经理这次逢迎令他受用无比。

张经理知道如果他在会议上，随众阿谀奉承杜先生也不过是人云亦云，杜先生不会觉得受用。可是在杜先生的老板面前奉承他而且有那么多的目击证人，杜先生当然受用之至。

【点　评】

逢迎的行动或说话，一定要令听者觉得“受用”，于是这听者才会心甘情愿以帮阁下成大事作为回报。

三、借别人的嘴逢迎

香港股票市场里有时会发生某一股票突然以惊人的幅度冒升的情形。碰到这情形，第二天的报纸就会报道说，市场“传闻”这家公司有重要的发展。也就是说，股票直升的原因是有好消息传出来。不过，要注意的是：消息只是“传闻”而已，因为消息还没有经传媒报道，其流传也因此仅限于在一个小圈子里。

事实经常证明，这种传闻“有限度的”到达若干投资者的耳朵里，往往作用比传媒白纸黑字传达到数以万计的人耳朵里作用更大。如果你炒过股票，那么你一定对一个道理深有感触，那就是在许多情况下间接听到好消息，比直接听到的更能令人信服！只有听众不多的消息，才像值得相信的内幕消息。

说穿了，这其实主要是因为人性必有“狐疑的心理”，应了广东俗语说的“没有那么大只蛤蟆满街跳”的心理。人这种动物不会无故去帮助“同类动物”，倾向于相信“便宜的东西一定有问题”，所以连光棍佬也教人便宜莫贪。

把这种技术的原理引申到的技术上，通过间接途径拍，才能取得较好效果。做到杰克现已从一个打工者做到白领阶层，可谓春风得意，请听他的自述：

一个人要想在工作中成就一番事业，必须学会拍马屁，拍马屁可让你事半功倍。我打工时曾见过有一位真正的马屁专家。

他是当年敝公司某个部门的第二层次行政人员，相当于一个主任，尽管这职别被子香港老板美其名曰经理。此人“识做人”，自然跟上一层的同事都发展出特别好的关系。好了，他要拍马屁的对象自然

是他的老板，因为他的老板主管他的部门，对他操生杀升降之权。

只不过他逢迎常常不直接逢迎，而是间接通过老板的同级去做。在他老板的那些同级而对他老板友善的主管面前，此君常常有意无意的称赞他的老板。如果有机会和大老板说话，他更不会放过有意无意表示他很钦佩老板的英明领导的机会。人性八卦，这些话结果自然有许多传到他老板耳朵里。

如果你是他的老板，知道手下常在背后赞扬你佩服你，相信“很难不受感动”。

【点　评】

看来最有效的逢迎应是不像逢迎的逢迎！无论你是谁，只要有志于成大事的人就有必要学学这招，相信对你将来大有裨益。

四、逆向逢迎更有效

“寓褒于贬，寓会于驽”是逆向逢迎法。

让我们研究下列三句话：

1、昨天那餐厅吃饭真太贵，但话说回来别处可吃不到那么好的饭。

2、我的老板陈经理“衣冠卖相”远不及李经理，但陈经理胜在为公司做事不遗余力，生意成绩超卓。

3、老杨真不会做生意，他开的泰国餐馆用料太足，所以生意利润总是不够好。

这三句话其实都是善用“贬术”的例句。

第一句，听起来是贬骂那餐厅太贵，其实是说它最好，所以吃贵了也值得。这里的贬是无效的，因为谁都知道那家高级餐厅不便宜，问

题是会有人怀疑它贵得是不是真好。

第二句话，如果在陈经理的老板面前说，逢迎正中下怀了。陈经理外观不如李经理是有目共睹的，但做经理不同做花瓶，办事尽责有业绩远比卖相重要。

第三句话，是针对听众需要而说的，老杨的顾客可不管他做生意赚不赚，而且最好他不赚钱便宜了顾客。

逆向逢迎术的要点，是选不重要的东西来贬一下，先使出一招虚招，然后乘虚一击而拍中。

【点　评】

逢迎有效，也许你离成大事的日子也就越来越近了。

五、翘翘板原理

要讨上司的欢心除了要会高捧他人给上司面子的方法外，还有一个很有效的诀窍，就是“贬低自己”，说通俗点，就是自己别把自己当人看，当然这需要脸皮厚到相当程度才行。

你小的时候一定乘坐过翘翘板吧，如果一边着地，翘翅板的另一边肯定是荡在高空。这种“翘翘板原理”同样也能应用在待人处世上。亦即适时地贬低自己，将能相对地捧高对方。即使是“不擅言辞”或“不擅于称赞”的人，也能轻而易举地使用这种方法，达到高捧他人的目的。

进一步说，如果对他人采取轻视的态度，这对自己绝无半点好处。因为你刺伤他的自尊心，他会在极自然地情况下对你产生敌意。影响所及，你的人际关系必定一落千丈，连带造成你事业发展的不顺利。比方说，当你参加某一店铺的开幕庆祝仪式时，即使那是一家没什么

特色的店铺，你也应该根据场合的不同来为仪式增添一些喜庆气儿。此时你便可以通过贬低自己，来捧高对方地说："这店铺看起来真不错，室内的装演也很考究。不像我经营的那家店，门没做好，窗户也是一大一小的。"

这样将对方和自己作具体的比较，并技巧性地批评自己略逊对方一筹，对方将因被人高捧而产生优越感，而他心中的舒坦自是不可言喻。

相反的，如果以轻视的口吻对主人说："店铺的柜台再宽一点会比较好。你们下次整修时可要记住啊！"将心比心，当对方在自己店铺的开幕庆祝仪式上，听到这样毫不客气地批评，一定会大感不悦，从此对你产生敌意，这就是不请人情世故所要承受的后果。

再比如有一位公司总经理，一个很有成就的企业家，尽管他拥有名牌大学的硕士学位，却经常对别人说："我仅有小学毕业的学历。"他之所以如此贬低自己，无非是要给予别人在心理上产生平衡感，让别人觉得轻松。

在待人处世中，巧妙运用"贬低自己"的诀窍，来抬高对方的地位，达到给人面子的目的，肯定会成为受人欢迎的人。"贬低自己"的秘诀，在下级与上司的相处中，特别管用。

所以，只要你明了这点，便会懂得在讨好上司及家人的同时，对象绝非仅仅是上司及他的家人。即使你心中暗想"它只不过是一条狗！"也不可对上司家宠爱的小狗敷衍，尤其到上司的家中拜访时，务必牢记与上司家饲养的动物打声招呼，否则会产生你意想不到的惨痛后果。现实中就有这么一位在某局行政科当副科长的人，他曾经因为不了解这方面的重要性而犯了极大的错误。

他们局长的家中，饲养了一只可爱又娇小的白色"京巴狗"，不知为何缘故，每当他到局长家拜访时，这只小"京巴儿"总是怀着恶意对他狂吠。因此该科长自然对这狗非常反感。一天，前来拜访时恰好局长家中无人，他便乘机将这条狗带至郊外，一面指着狗怒骂"你这只可

恶的家伙!”一面对其拳打脚踢，把平日所积压的不快一股脑儿地全发泄出来。

机关里的一个小小副科长，比钻到风箱里的老鼠也好不到那里去，其中的辛酸总是不为人知，也许是因为平日在单位受到太多的压抑，才会把小狗当作出气筒。

然而，那只“京巴儿”自从被殴打之后，对他更是怀有敌意，此后每当他前来造访，总是狂吠不停，直至他离去为止。

对“京巴儿”深爱有加的局长夫人，觉得事情不对劲，便询问他：“你对我家的小狗做了些什么事，为什么老是冲你叫呢?”这位科长心中暗想：“它充其量只不过是一条狗吗，没什么大不了的!”便一五一十坦白地述说原委。不消说，他倒大霉了。等到他彻底明白“虽然它只是一条狗，却是一只有来头的狗”时，事态已经无可挽回。

昔日赞叹他有才干、懂进退的局长和夫人，自从发生了这件虐待动物事件后，便给他冠上“伪善君子”的名号，对他的印象也大为扭转。更严重的是，当然这个“京巴儿事件”理所当然波及到他日后仕途上的升迁，在局长离休前的8年时间里，虽然他没少“孝敬”，却始终停留在原来副科长的位置上，而此间原来他手下的两名科员，一个当上了副处长，另一个则成了他的顶头上司，当上了科长。

【点　评】

一个普通的职员要想大成事必须学会逢迎上司，借上司之力成大事。

六、巧灌“迷魂汤”

如果一个人在艰难的旅途中跋涉，消耗了体能，那么吃些兴奋剂，就能迅速激发潜能，振作精神。但如果一个人在艰难的人生征程攀登，消耗了精力，磨损了意志，被自卑感压得抬不起头，我们又能否找到一种灵丹妙药去诊治呢？而且这种灵丹妙药还要没有副作用。这种灵丹妙药究竟有没有？有！它就是用恭维和赞美调制而成的“迷魂汤”。

何谓“迷魂汤”？乃是指任何让人听了足以“神魂颠倒”的言辞，也就是恭维的话、赞美的话，当一个人向另外一个人赞美、恭维时，他就是在“灌迷魂汤”。

为何“迷魂汤”的威力如此强大？原来绝大多数人都具有强烈的自我意识，除了凡事先想到“我”之外，也希望得到别人的肯定；自大自信的人需要这种肯定，自卑的人更是需要！自大自信的人听到别人对他的肯定，等于为自己的自大自信找到了更强而有力的依据。自卑的人通常条件较差，他更需要别人的肯定，以建立自己的信心，甚至连与事实脱离的“肯定”他都“信以为真”！所以，“迷魂汤”人人爱喝，表面说不爱，心里爱得要命，有的喝了眉开眼笑，有的则表情严肃，甚至发起脾气来，可是等你走开，他便偷偷笑了。

由于“迷魂汤”是用人性弱点熬成的，所以几乎无往而不利，历史故事中有很多根本没什么本事却身居高位的高官，就因为他会对皇帝灌迷魂汤；很多其貌不扬的人娶的竟是如花似玉的美人，其中有的就因为会灌迷魂汤。

因此，我们认为：在待人处世中会灌迷魂汤，一定会赢得价值不菲

的人情资源，为成大事打下坚实的基础。

【点　评】

“迷魂汤”是待人处世的一种有力“武器”，这种武器若运用得法，使用者可以在轻松中成就大事。

七、逢迎是否有错

如果你非常羡慕某一个有成就的人，那么就要设法接近他，说不定他就是你成大事的“福星”呢。而不管你相信与否，逢迎是接近他的最有效方法。下面这个故事就是证明：

有一位颇具文才的作家叫霍尔·凯因，他的作品很有生命力，他出身卑微，只念了 8 年书就辍学找工作养家。不过，他很喜欢十四行诗和民谣，特别崇拜诗人但丁和欣赏罗塞迪的文学与艺术修养。

有一天，他一时兴起，写了一封信给罗塞迪，赞美他在艺术上的贡献。罗塞迪非常高兴，心想：“如此赞美我的人，一定也是很有才华的人。”于是就请霍尔·凯因来伦敦当自己的秘书。

这是凯因一生的转折点。自就任新职后，他和当时的文学家密切往来，得到他们的支持和鼓励，再加上自己不断的努力，不久，其文学名声便远扬各地。

诚心的赞美就有这样不可名状的威力。

第一次世界大战结束时，德意志帝国惨败，德帝威廉二世顿时成为全世界都讨厌的人，连自己的国民也与他为敌，正当他准备亡命荷兰时，突然收到一位少年的来信，信中充满了一片稚子之情和赞美调：“不论别人怎么想，我永远爱您！”

威廉二世看了这封信，异常感动，立刻回信给少年，希望能和他见

面。少年的母亲带着他去见威廉二世，意外地促成皇帝和少年之母的一段美好姻缘。

任何人都不会拒绝别人真诚的逢迎，包括领导。拿破仑对善于奉承的人很反感，这一点为很多人都知道。有一个聪明的士兵却来到拿破仑面前说："将军，您最不喜欢听奉承话，您是真正英明的人啊！"拿破仑听后不仅没斥责他，反而十分自豪。

这位士兵对拿破仑的脾气秉性摸得很透，深知他讨厌奉承的话；但这位士兵又绝顶聪明，他准确地捕捉到了拿破仑的这一性格特点。

由此可见，逢迎可以改善人与人之间的关系。实际上，世上没有人能对逢迎无动于衷，只不过逢迎技巧高低而已。大文豪萧伯纳曾经说过："每次有人捧我，我就头痛，因为他们捧得不够。"由此可见，高帽子人人喜欢戴，可是逢迎却并非人人会拍。

如何逢迎，这里有八字真诀，即"逢人短命，遇货添钱。"意思说假如你遇见一个人，你问他几岁？他答："今年五十岁了。"你说："看你先生的面貌，只像三十几的人，最多不过四十岁罢了。"他听了，一定很喜欢，此谓"逢人短命"。又如到朋友家中，看见一张桌子，问他买成多少钱，他答道："买成四元。"你说："这张桌子，普通价值八元，再买得好，也要六元，你真是会买。"他听了一定也很喜欢，此谓"遇货添钱"。

逢迎得好就会成为成大事的催化剂。

"最佳的赞美就是心里想说的，却是由耳朵听来的。"纵观古今人物，在逢迎方面，元朝末期的哈麻可谓绝顶高手。哈麻，生年不详，早年充当元顺帝的宿卫。哈麻很善于抓住机会，所言所行无不符合元顺帝的心意。元顺帝刚一接触到这个伶牙俐齿、说话痛快的小伙子，就觉得他特别善解人意，便不知不觉地喜欢起来。哈麻得到元顺帝的喜欢，自然官运亨通，不断被提拔，很快就当上了殿中传御史，成了管理宫中事务的主要官员之一。

哈麻靠其巧舌如簧的口才和善于揣摩人意的逢迎本领，步步高升之后，便更加注意利用起自己的这个"特长"来了。他特别注意察言观

色和了解众人的好恶，然后投其所好，因此他非常得宠。比如，他见到元顺帝喜欢玩双陆游戏，便苦心钻研，学会了一套玩双陆游戏的本领，然后去接近顺帝，与其展开对弈。哈麻与顺帝玩双陆游戏也很有招法，他见到顺帝不甚高兴之时，就输一盘，见到顺帝高兴时，就赢一次，当然也有旗鼓相当的时候。哈麻这样做，既讨了顺帝的喜欢，又弄得顺帝心里痒痒儿的，越发愿意找他一起玩双陆游戏。这样一来，两人便逐渐成了双陆"棋友"。随着双陆游戏的频繁，哈麻所受顺帝的宠信也逐步升级，很快就超过了顺帝身边的所有人。

据《元史·哈麻传》记载，一天，哈麻与元顺帝在内殿玩双陆游戏，哈麻穿件新衣服站在旁边。顺帝一边下棋一边喝茶，由于全神贯注于棋盘之上，把茶水吐到了哈麻的新衣服上。哈麻一边抖掉新衣上的茶沫，一边笑着说："做天子的就应该这样吗?"在封建社会，皇帝说一不二，人们只能谄媚逢迎，逢迎顺从，不能稍有违抗，哈麻虽然是在说笑中夹杂着指责之意，但也被看成是敢冒天下之大不韪了。可顺帝却毫不介意，一点儿没有生气，只是一笑而已。这也说明哈麻同顺帝的关系已是非同一般，无与为比。

在逢迎方面无师自通的哈麻非常清楚，要想步步高升，仅仅讨好元顺帝一个人还不够，还应当谄媚取悦于其他当权者，才能事事如意。于是哈麻在将元顺帝"拍"舒服之后，又开始打起王公大臣们的主意来了。

当时，在王公大臣中，权力最大、声望最高的是脱脱丞相。脱脱在至元六年(公元1340)大义灭亲，驱逐了专权害政的养父伯颜，于至正元年(公元1341)出任中书右丞相，为扭转伯颜专权时造成的社会混乱，进行了一系列的改革。他重新恢复被伯颜废弃的科举取士制度，加强对人才的选拔；建议编修辽。金、宋三史，总结历史上治国的经验教训；崇儒重道，倡导文化和思想教育；修订法律，加强对各级官吏的考核；开马禁，减盐额，免除旧欠赋税，鼓励发展生产等等。脱脱的改革，取得了一定成就，史称"更化"。脱脱"更化"，深得社会各阶层人

士的拥护，一时被称为“贤相”。

哈麻见脱脱声望日高，就想巴结他以为晋身之阶，遂频繁出入于脱脱之门。日事过从，曲意逢迎，点头哈腰的谄媚相，用语言是难以表达出来的。说来也怪，那位在政事方面极精灵的脱脱，对哈麻的一系列谄媚拍马不但没有丝毫反感，反而日益喜欢起来。哈麻博得脱脱的好感以后，又遍贿藩王戚里等王公大臣，获得一片喝彩声。哈麻的逢迎终于得到了丰厚的回报，他的官职一升再升，先升为礼部尚书，又升为同知枢密院事。

逢迎本质上是通过一种颇具处世艺术的语言来实现对方心理上的满足，从而取得与对方心理上的沟通。从哈麻逢迎大获成功来看，逢迎的方式是各种各样的，而且是千变万化的，在嬉笑怒骂间常可收到出奇的效果，从而笼络人心，增进友谊。而了解他人的心理则是逢迎获得成功的前提条件。因为是否了解他人的心理，决定了你的赞美是否恰当，成效是否明显，也是衡量你逢迎水平的高低的标志。

逢迎成功的一个诀窍是，只有谙熟了对方心理才能辨别其优缺，对方在欣喜之余，会视你为知己，继续向你袒露心怀，使你不断捕捉赞美的闪光点，你的赞美也才更加得体，游刃有余。如果不了解他人心理，你就不知道他有何可赞之处，更不知他需要什么。

当然，了解他人心理，不仅要抓住对方大致的心理活动，而且要于细微之处下功夫，利用细小的刺激来影响其特定情形下的心理，从而使你的赞美既巧收“润物细无声”之效，又有极强的针对性。

在逢迎的时候，切忌用官话套话，因为赞美一个人，并不是作报告或谈工作，要十分严肃。赞美贵在自然，它是在待人处世中，一定场景下的真情流露有感而发。任何僵硬、虚夸、做作的赞美，即使是出于真心实意，也会让人反感提防。

【点　评】

要知道逢迎的目的不仅仅是为迎，而是为了换得人情作为自己日后成大事的坚强后盾。

八、逢迎要准确定位

俗话说得好，“矮子面前莫说短话”，别人有生理上的缺陷，或者家庭不幸，或者自己在为人办事方面有短处，心里已经够痛苦的了，不能再雪上加霜了。碰上这些情况都应加以避讳，决不能“哪壶不开提哪壶”，不然伤害了别人不说，别人也不会轻易放过你的，到头来只能是两败俱伤而已。

清代的康熙皇帝，青年时励精图治，做过不少大事，到了晚年时，年纪大了，头发也花白了，牙齿已松动脱落。这本是人生的自然规律，可他心里就是不服老，犯了老年人的通病，只要听到有人说他“老”就不高兴，所以左右的臣子深知他的心理，特别忌讳说“老”一类的字眼，从不在皇上面前触这个霉头。康熙皇帝为了显示自己还年轻有活力，常常率领皇后、妃子们去猎苑猎取野兽，在池边钓鱼取乐。

有一次，康熙率领一群妃嫔们去湖中垂钓，不一会儿，鱼竿一动，康熙皇帝连忙举起钓竿，只见钩上钓着一只大大的金龟，心中好不喜欢。谁知刚刚拉出水面，只听“扑通”一声，金龟却脱钩掉到水里跑掉了，康熙长吁短叹连叫可惜。在康熙左侧身旁陪同的皇后见状连忙安慰说：“看这光景这只龟是老得没有门牙了，所以衔不住钩子了。”

这时，在一旁观看的一个年轻妃子见状忍不住大笑起来，而且笑个不止，简直直不起腰来了。康熙见了不由得龙颜大怒，他认为皇后说的是言者无心，而那妃子则是笑者有意，是含沙射影，笑他没有牙齿，老而无用了。回宫之后，康熙马上下了一道谕旨，将那妃子打入冷宫，终身不得复出。到了这个时候，那个年轻的妃子才深深感到后悔了，她叹息着说：“因为我不慎笑了一笑，却害了自己守寡一生，这都是

自己说话不小心，犯了皇上的大忌所带来的恶果啊！”

为什么皇后在说话时明显说到“老”字而康熙皇帝没有怪罪她，而妃子只是笑了一笑康熙皇帝却如此怪罪她呢？首先是康熙的忌讳心理，他不服老，忌讳别人说他老，这种心理实际上反映了老年人的一种普遍心态，由于上了年纪，在体力和精力上都有所下降，但又不肯承认这个现实，而且也希望人们在客观上否认这个现实，故而一旦有人涉及这个话题，心理上就承受不了。此外，由于皇后与妃子同康熙皇帝的感情距离不同。皇后说的话，仔细推敲一下，有显义和隐义两个意义，显义是字面上的意义，因为康熙皇帝与皇后的感情距离较近，她产生的是积极联想，所以康熙只是从字面上去理解，知道皇后是一片好心的安慰。妃子虽然没有说话，只是笑了一笑，但她是在皇后说话的基础上笑的，再加上她与康熙皇帝的感情距离远不如皇后，所以让康熙皇帝产生了消极联想，其隐义是：那老龟老掉牙衔不住钩子，就像康熙皇帝一样老而无用，连钓起的老龟也让它逃跑了。这就深深地刺痛了康熙内心最忌讳的地方。

自然，康熙因妃子的笑而给予这样的重罚，这充分暴露了封建帝王的冷酷无情，但如果是一个普通人，别人这样笑话你的缺憾，你也不会高兴的。因为人总是有自尊心的，总希望受到别人的尊重，谁也不希望人们一见面就提自己不愉快的事。因此人人都不愿意人家触及到自己的憾事、缺点、隐私和使自己感到难堪的事，这也是一般人所共有的心理。因此在待人处世中，一定要注意尊重别人，交谈时千万不要涉及别人忌讳的话题，不然就会导致双方关系的恶化。

不过，生活是复杂的，由于种种原因，在待人处世中有时说话很可能无法避免别人忌讳的话题，在这种情况下，就要讲究说话的技巧了。

比如说，男人一步入中年，头发便逐年减少，有些男人甚至将秃头视为一大隐忧。而这种人，有时候会出人意料地强调自己头发稀少：“很抱歉，我这个秃头实在很刺眼！”甚至在照相时也会调侃自己，“请注意反光现象……”

这种人表面上似乎不把秃头这件事放在心里，其实内心多半怀有深深的自卑感。一般来说，越是喜欢以自己的秃头为话题大做文章的人，可以说越对自己的头上无毛感到苦恼。面对这种人，千万不要以为他们很豁达大度，而故意调侃。

此外，除了生理上的缺陷之外，有些人还有一些特殊的忌讳。有一位业绩优异的一流公司的高级主管，最引以为耻的就是他的学历。然而，他的学历并非不足挂齿，反而是值得一般人炫耀的高等学历。他不但是毕业于全国首屈一指的高中，大学念的也是热门科系。那么，究竟是什么原因使他对自己的学历如此引以为耻呢？那就是他没有考上全国的最高学府，这件事使他的一生深受打击，甚至在几十年之后仍然耿耿于怀。

在一般人看来，这似乎并不是什么大不了的事。但是只要有人不小心问及他的学历，他就会非常不悦。其实，以他今天的成就，学历根本不足以影响他的身份地位，并没有什么好引以为耻的，但他却似乎并不这么想。

当然，还是有很多人并不会为自己的学历不高而自卑，可以不必刻意地回避这个问题。但是还是会有人对此耿耿于怀，所以在待人处世中，一定要尽量避免这一类的话题。至少自己不要主动地询问别人的学历，或是制造这一方面的话题。

即使是对方先提相关的话题，你也不可以随便地搭腔。因为你并不知道对方真正的心意。假如你已经知道某经理是一流大学的毕业生，为了能讨好他，你刻意地说："某某大学可真不愧是所名校，培养了不少社会的政要及精英，像某某局长和某某博士都是。"

岂料对方却毫不领情地回答道："是啊！我就是那惟一没有成就的人。"这下子岂不是逢迎偏了。假如你讨好地说："只有某某大学才能培养一流的人才。"按说应该没什么问题了吧，谁知对方却回答："是啊！可惜我儿子读的是三流大学，看来是不能有所指望了！"这不是又碰了一鼻子灰？

除了学历之外，关于兴趣方面的话题，要注意有些人对某种偏好已到痴迷的地步。例如大家在一起讨论足球，你是某队的球迷，而对方是另一队的球迷，讲到最后却为了彼此支持的球队不同而大动干戈。

这种事不是不可能发生，所以，当你在和对方谈及有关兴趣方面的话题时，最好先弄清楚对方的兴趣是什么，可能的话花点功夫好好研究一下其中的知识，这样大家谈论起来才不会因为你的一知半解而闹笑话。

不过，你千万不要因为自己是这方面的专家而表现得过于高明，这样反而会带来相反的效果。因此，即使你在某一方面的知识比对方渊博得多，也顶多只表现出对方的七八成即可。如此，自然可以营造良好和谐的人际关系，成大事也会得到更多人的鼎力相助。

【点　评】

逢迎也有失手的时候，如果你一不小心逢迎偏了，不消说失去了成大事的机会，严重者连工作都难保。

九、用一句话打动人心

好听的话如蜜没有人不爱，所以你要想某个人帮你成大事，不妨向他多说好话，保你有赚无赔。

过去，美国费城电力公司有一个叫威伯的推销员，他曾到农村去推销用电。走到一家阔气的人家，户主是个上了年纪的老妇，一见是电力公司推销电的，就把门紧闭了。威伯一看事情不妙，便说：“很抱歉，打扰了您，也知道您对用电不感兴趣。所以，我这次来不是做生意的而是买鸡蛋的。”老人消除些疑虑，便把门打开一些，探出头来将信

将疑地望着威伯，威伯又继续说道："我看见您喂的道明尼克种鸡很漂亮，想买一打新鲜的鸡蛋回城。"

听到他这么说，老人家把门开得更大一些，并问道："你为什么不用你的鸡蛋?"威伯充满诚意地说："因为我的鸡下的蛋是白色的，做蛋糕不合适，我的太太就要我来买些棕色的蛋。"

这时候，老妇人走出门口，态度很温和地跟威伯聊起了鸡蛋的事。但威伯这时便指着院子里的牛棚说："老太太，我敢打赌，你丈夫养的牛赶不上您养鸡赚钱多。"

老妇人的心被说乐了，是的，多少年来，她丈夫总不承认这个事实。于是她将威伯视为知己，带他到鸡舍参观。威伯是个小甜嘴，说的话句句入耳，并说，如果能用电灯照射，产的蛋会更多，老妇人好像忘记了刚才的事，反而问威伯用电是否合算。当然，她得到了完满的解答。两个星期后，威伯在公司收到了老太太交来的用电申请书。

试想，假如威伯一开口就推销用电，老妇人肯定不会接受。而推销员威伯采取了曲线表达。用买鸡蛋的托辞，打开老妇人的心扉，然后以拉家常的方式，说一些恭维的话，很自然地扯到了用电的问题，说明用电灯照射，产的蛋会更多。这就博得了老妇人的信任，自动递上了用电申请书。

【点　评】

好听的话作用就是如此神奇，它是你获得别人的信任的基础，更是你成大事的关键因素。

十、恭维让你所向披靡

有很多人自己没有显赫的才能、成就，只会成天唱高调地说自己怀才不遇是因为绝不向人谄媚，而事实上，这些人多数是一些无法成大事的庸才。

讨厌别人对自己逢迎的人少之又少，所以如果你不懂逢迎，要想出人头地成就大事那是难以想像的。

赞美别人，恭维别人以及对人"逢迎"！其实都是人际关系上至高无上的"润滑剂"，而且这种美丽的言词又是免费供应。如此"于人有利、于己无损而有利"的事，又何乐而不为呢！

赞美是一种博取好感和维系好感最有效的方法。它还是促进人继续努力卖命最强烈的兴奋剂，这是由人性的本能所决定的。想营造良好的人际关系就必须学会这一招。

美国一位企业家这样形容卡耐基："他是一位会握着你的手，鼓励你，赞美你的人。在我的生活经验中还没有碰到过一个能赶得上他的人，有许多人，虽然拥有职权，但他们没有嘉许他人的雅量，只会讥讽别人，像这样怎么能成就大的事业呢？"

其实这位企业家是最能领会卡耐基精神的人。

有人说，在这位企业家的手里，赞美别人已成为一种异乎寻常的驱动工具。

当这位企业家就任造船厂厂长的时候，工作群众都被他调动起了巨大的热情，他的传记中这样写道：

"从经理到工人，他都很大方地给予嘉奖，称赞工作人员的工作技巧，使受奖的人都觉得比金钱奖赏更为可贵。"

这家造船厂承造的军舰拖甲虎号在27天内完工，造船场里所有的记录都被打破了。老板召集造舰的全体工作人员发布一篇庆功的演说辞，并且赠给每人一枚银质奖章和威尔逊总统的一封信，最后他转向负责监造人，从自己的袋子里掏出个金表，亲手交给他，作为一个小小的纪念。

把赞扬送给别人，就像把食物施给饥饿的乞丐。在许多时候，它就像维生素，是一种最有效果的食物。

有的人严格有余而赏“银”不足，吝啬赞美他人，是违背人性的做法，结果往往使一些下属暗中捣鬼或干脆“走人”。这些人要好好反省。

在这个社会上，会说奉承话的人似乎比较吃香。当一个人听到别人的奉承话时，心中总是非常高兴，脸上堆满笑容，口里连说：“哪里，我没那么好”，“你真是很会讲话，即使事后冷静地回想，明知对方所讲的是奉承话，却还是抹不去心中的那份喜悦。

【点　评】

说奉承话是一个人成大事所必备的技巧，奉承话说得得体，会使你在人生路上所向披靡！

十一、好马在腿，好人在嘴

最奇怪不过的是，越是傲慢的人，越爱听恭维的话，越喜欢受你的恭维。有的人辞严义正，说自己不受恭维，愿听批评，其实恰恰相反。

“人告之以有过则喜”，只有子路才有如此雅量，一般自命为贤者的人，哪里容得下你的批评！普通人更不用说了。试看古来犯颜直谏的忠臣，有几个不吃苦头——汲黯是汉朝出名的直人，武帝是汉朝出

名的贤君，汲黯说他"内多欲而外施仁义"，武帝深觉不欢，汲黯因此终生不得意。所以善说恭维话，是处世的本领，是发达的因素。

每个人都抱有希望，年轻人希望寄予自身，年老人希望寄在子孙。年轻人自以为前途无量，你如果举出几点，证明他的将来大有成就，他一定十分高兴，引你为知己。你如果说他老子如何了不得，他未必感到多少兴趣，至多你说他是将门之子，把他与他的老子一齐称赞，才配他的胃口。但是老年人则不然，他自己历尽沧桑，几十年的光阴，并未达到预期的目的，他对自己不抱有十分希望，他所希望的，是他的子孙，比如说他的儿子，无论学问能力，能胜过他，真是个难得之才，虽然你是抑父扬子，当面批评他，他不但不怪你，而且十分感激你，口头连说，你说得好，未必，未必，太夸奖了，他的内心，却认为你是慧眼识英雄呢！只是说说恭维话，对于对方的年龄，应该特别注意。

对于商人，你如果说他学问好，道德好，清廉自守，乐道安贫，他一定不高兴。你应该说他才能出众，手腕灵活，现在红光满面，发财即在日前，他才听得高兴。对于官吏，你如果说，生财有道，定发大财，他一定不高兴。你应该说他为国为民，一身清正，官俸太少，不易维持，他才听得高兴。对于文人，你如果说他学有根底，笔底生花，思想前进，宁静淡泊，他听了一定高兴。他做什么职业，你就说什么恭维话。

最后讲个老笑话，某位拍马专家，连阎王都知道他的大名，死后见阎王，阎王拍案大怒："你为什么专门拍马？我最恨这种人！"马屁鬼叩头回道："因为世人都爱拍马，不得不如此。大王是公正廉明，明察秋毫，谁敢说半句恭维话！"阎王听罢，连说是啊是啊！谅你也不敢！实则阎王也是爱听恭维话，不过说恭维话的方式，与普通方式不同罢了。这个故事说明了世人都爱恭维，你的恭维话有相当分寸，不流于谄媚，就能得人欢心。

有句老话，"休要长他人志气，减自己威风"，所以普通人对于自己，总是拼命反映高身价，对别人，总是吹毛求疵，其实你求他的疵，他当然也要求你的疵，相互求疵，结果是各自打消了自抬身价的成绩。

所以大家长他人志气，就是大家长自己的志气，决不会减你的威风，认清了这一点，才可以谈捧捧人家的问题。捧字好像有些不顺眼，其实是无所谓的，捧就是宣传，捧就是广告。捧人家的办法，自古有之，叫作互相标榜，但是所谓捧，不是瞎吹，并不是胡说，也要根据对方的实际。每个人都有所短，也都有所长，普通人对于别人，只是看见短处，不看长处，把短处看得很重大，把长处看得很平凡，所以觉得欲捧而无可捧之处。只要你先存着“三代以下无完人的”思想，原谅他的短处，看重他的长处，可捧的资料正多着呢！而且你捧某甲，并不是欺骗大家，而是使大家注意某甲的长处，同时使某甲对自己的长处，因为大家的注意，格外爱惜，格外努力，养成比目前更为优越的长处。所以你捧人家是成人之美，人家也来捧你，那么就达成了成己成人的美事，可见“捧”是成己成人的工具，绝不是卑下的行为，俗话说，人捧人，越捧越高，你也高，他也高，这不是人己两利的事么？

捧有几种捧法，最要不得的，是当某甲一个人的面来捧他自己，有些人，也许根本就不领受你这一套。当着大家来捧某甲，把他的长处，做一次义务宣传，那他一定非常高兴，只要捧得不过火，大家也不会觉得你在有意的捧。或者在某甲的背后，宣扬他的长处，把几件具体的事实，加几分渲染，使其他的人，对于某甲产生良好的印象，事后传到某甲那里，他一定高兴，比当面捧他更有力，一有机会，他也会还敬你，把你大捧一场，俗话说，有钱难买背后好，足见重视背后捧，是人之常情。如果你会写文章，那么写文章，也是捧人的一种方法，有机会把某甲的长处作为你的文章来举例，说出他的真实姓名，你的文章，有一百人读，就是向一百人捧他，有一千人读，就是向一千人捧他，被你捧的某甲，可以想到会有多么高兴，多么得意，对你的感情，一定有进步。联络感情，原不是一件容易的事，用捧来联络感情，却是最简便、最有效的方法，而就道德论，正与古人扬善之说相合。

有人以不轻易许可人为正直的表现，实则正直与否系另一问题，而眼界太高，胸襟太狭，所为不得意，心理上遂发生变态，对于一般人

多少有些仇视成分，所以越发不肯轻易许可别人了，这种心理不能认为是正直，而是病态。要根除这种不健全的心理，用心探讨如何捧人的方法。

【点 评】

俗话说，好马在腿，好人在嘴，没有人不欢喜别人逢迎自己，对自己说好听话。再加上你对人说恭维的话，如果恰如其分，适合其人，他一定十分高兴，对你便有好感。

十二、笑脸迎上司

如何跟上司相处，是渴望成大事的凡夫俗子们永远的学问。

或许有人认为不用讲，直接以态度行为也可以表示恭维别人的意思，话虽不错，可是总让人觉得似乎还少了那么一点点。所以，还是当面用言辞褒奖赞美的方法，最能把“恭维”的意思表达得淋漓尽致。

不过，第一个重点就是要用“敬称”。即使是有关对方的事物都要使用带有恭敬意思的话语，例如：您、贵府、令尊等等。而对有关自己的事物则要使用带有谦虚意思的话语，例如：寒舍、家母、小犬等等。

使用敬称并不见得就是在恭维别人，但是能将敬称用得恰到好处，令对方感觉很舒服，无疑也是一种恭维别人的方法。

在公司上班的人，经常会碰到上司出差回来的场面，可是很少有人会在意。其实这就是一个很好的机会。一个有礼貌的部属，这时候就应该站起来迎接上司，同时请不要忘记上前去说一声“经理（或其职称）您回来了！”然后为他提公事包，并吩咐公司的小妹或女职员，甚至亲自为他泡杯茶。这个迎接的礼貌，这句迎接的话，就是“逢迎”，也就是尊敬的表现。上司受到部属如此地“尊敬”心里必定是非常高兴，自然也会心存好感。

像这类的小事，往往会使上司牢记在心。所谓“不忠于小事者，必不忠于大事”，这大概是多数在上位者用于评判下属的一个准则吧。

又如，中午吃饭时，不要老是只和同僚一起，不妨向上司打个招呼。或许上司有其他的事不一起去用餐，可是这和那种当上司存在时，时间一到就和同僚吵吵嚷嚷地离席而去的情形，给人的感觉总是不一样的呀！

表面上这仅是打个招呼，事实上它却是一件无比重大的事。约上司一起用餐，并非存心要让上司请客或向他揩油，最主要是制造机会接近上司并“聆听”他的“经验谈”。

在上位的人多少都有对下属训话谈经验的欲望，不妨做个忠实的“听众”来听他高谈阔论，对这种肯比别人更用心“聆”听上司言论的下属，上司自然会给他更多的信任与超乎事实以上的评价。

事实上，人对那些肯听自己发言的对象都会具有好感的。聆听上司谈话时，在听讲中要随时露出感动、认同的表情，偶尔重复上司的话语，请求给予更详细地说明解释。开始时会有点别扭，几次后，自然就会适应了。

总之，不管时间，不论场所，即使自己身体不舒服或疲惫不堪，对上司绝不可忘记“尊敬”的话和采取恭敬的态度，上司有所吩咐，一定要心悦诚服地以明快的声音和态度来应答。

【点　评】

当我们要把这个“美丽的言辞”投向对方时，必须要向棒球投手那样，不能老投直球，要混合使用各种球路，这样才能收到功效。

十三、甘让上司当枪使

要借助上司成大事，必须逢迎讨好他。如果上司不善舞文弄墨，或者事务多多，身为下属的你不妨发挥“枪手”的特长。

在别人所写的文章上，删减修改，是很容易的事。所以，只要先打听好该写的内容，然后在工作的空档中动手起稿就没问题了。

这种人有如上司的左右手，极受上司的礼遇与尊重。这是下属群中，最高阶层的一类。

假设必须在客户的公司刊物上，做商品的宣传广告。虽然事前的交涉可能是低层职员苦口婆心争取到的，但是，这时候还是用上司的名义刊登较好。当然，最初的拟稿作业仍旧要委托给你。

稿件完成后，先让上司过目，一番增补修减之后再交给客户。身为属下的只要不露形迹，默默耕耘，使自己扮演成幕后功臣，并安于这样的牺牲，是对上司强而有力的奉承。

虚怀若谷，以上司为尊，一定可以打动上司的心。身为下属的你，若颇有些文才，就不要骄傲，用这种方式，来表现你的能力。

如果自以为是，在客户的刊物上，大加发表议论，纵然自负地以为是为公司效力，却可能适得其反，反而会招致上司的嫉恨。

想在相关业界的刊物上投稿，最好是通过上司，让上司先过目你的文章，以他的名义发表最为妥当无误。有人就有过痛苦的经验。自鸣得意地在各刊物上大做文章，结果被认为是“自以是为的小子”。

所以，在职员工要深刻警惕，“才能会招来横祸”，“才能是身外之敌”。虽然，才能是退休后的保障，仍旧希望大家不要树大招风，惹来一身的麻烦。总之，工作之余要强出风头，不仅会被人扯后腿，暗地里

还会被骂得狗血淋头。当然，某些企业也奖励这种风气，不过那是少数。

只要善用你的枪手角色，就能使得上司欢天喜地了。

总而言之，属下的知识是为他人代笔来发光发热的。

你所服务的公司，若是所谓的分公司或承包公司、下属工厂，那么，最好是盯住总公司的负责部门主管或高级上司，展开连环大进击吧。

任何事情如果不持之以恒，就不见效果。

经常在你的工作场所或自己准备几张明信片（或风景明信片）吧。同时，要养成习惯在手提袋或西装口袋上备存明信片。

在出差地，或工作的空暇时，拨一点时间写明信片。借由它来表达感谢、问候，或道歉之意最实惠。

希望你能保持写明信片的习惯。

内容简洁扼要即可，不需长篇大论，当然更忌讳写错别字。否则，善意书写的明信片，说不定会成为笑柄。

千万不要鄙视一张明信片的效用，它有时是打动对方心弦的有效方法。

当下次你和对方碰面，或者前去拜访的时候，对方的态度一定转为亲切，不再觉得拘束难耐。也有人说"明信片是内心的推销员"。

一个人就像是一件商品，必须把自己打出名牌的产品，品质外形俱佳，迎合顾客的需要，并且谦虚有礼。

千万不要吝惜写一张明信片的时间。

多向公司之外的人投递明信片，使自己的交游更广阔。我们无法光靠自己的力量达到成功，必须借助许多人的相辅相成才能步步高升。所以，要尽可能让对方产生好感。

碰面的时候，中规中矩的礼貌、温和谦虚的言词是在所必行，不过，借明信片来收场，应该是更重要的"售后服务"吧！

敬意与感谢是使对方心满意足的重要"关键"。千万要留意！如

果有心，除明信片之外，还可以附加一通致谢的电话。

现在的社会，忘恩负义、不知感谢的人非常多，有求于人时，低声下气，等到目的一达成就佯装不知，形同陌路。在这种时势下，更要借助明信片，甚至偶尔也附带一些礼物，以诚心来抓住每个机会，接近对方。

【点 评】

“用虔诚的双手，替别人悄悄地把鞋子摆好。”这句话应该是人际关系中最深不可测的适迎了。

潜规则四：能屈能伸 成大事的“弹簧”之道

生活中难免有不如意的地方，这时候你不妨把生命弯成一张弓，弯成一张能屈能伸弹性极佳的弓，以平和的心态，坚韧的性格去坦然面对一切。经历风雨、经历阴暗，饱尝挫折、饱尝磨难，其实这都是在为你成大事储备必要的资源。以蟑螂为例，蟑螂和恐龙是同时期的昆虫，可是恐龙早已绝迹，而蟑螂存活至今，并且大量繁衍。因为蟑螂在墙缝里可活、壁橱里可活、阴沟里也可活。作为一个人，若是在最黑暗的时刻、最卑贱的时刻、最痛苦的时刻也能像蟑螂一样能屈能伸，以屈求伸地活下来，那么还有什么大事不能成就呢？

一、对蟑螂生存力的思考

不管你遭到不如意的程度如何，感受上如何的沮丧、消极、痛苦，我要告诉你的就是：要成大事勿必要像蟑螂一样地活着，人生难免要受点委屈。

在北京每年都搞一次全市的灭蟑螂运动。没有人喜欢蟑螂，因为它长相奇丑，生命力极强，到处都有，打了一只，待会儿又出来一只，有缝就钻，有洞就躲，一般的杀虫剂它们也不在乎。

可是如果换个角度来看，做人若做到此份上，成大事可以说是水到渠成。

据研究，蟑螂是和恐龙同时期的昆虫，可是恐龙早已死光了，蟑螂却仍在地球上存活，并且大量繁衍。那篇文章还说，蟑螂可以在最恶劣的环境中生存，只要有一小滴水，它就可以活下来。

人如果也有蟑螂的韧性，还有什么日子不能过，还有什么样的苦不能吃呢？还有什么样的事做不成呢？

在人的一生当中不可避免会碰上不如意的时候，这些不如意有很多种，例如生意失败、失恋、人事斗争落败、被羞辱、工作不顺、家道中落等等，而依各人承受能力的不同，这些不如意也会对人形成不同的压力与打击。有人根本不在乎，认为这只是人生中必然会碰到的事；有人则很快就可以挣脱沮丧，重新出发；但有些人只要被轻轻一击就倒地不起。

蟑螂是墙缝里可活、壁橱里可活、阴沟里也可活的昆虫，当你遇到不如意之事时，无论是客观环境造成的，还是人为的，不正如在墙缝里、壁橱里、阴沟里一样吗？如果你因为过着这样阴暗、充满脏臭与羞

辱的日子而灰心丧志，失去活下去的勇气，那么你连一只蟑螂都不如。恐龙已经绝迹，蟑螂却仍在世上猖狂，只因它活下来了，所以你也要学会在最黑暗的时刻，最卑贱的时刻，最痛苦的时刻，屈辱地活下来，像一只蟑螂那般活下来。

也就是说，在这种时候，你不要去计较面子、身份、地位，也不要急着出头，这种日子很容易让人沉不住气，但只要沉得住气，只要“存在”就有希望，就有机会。这不是安慰你，而是事实本来就如此——你看看，恐龙如今安在？

如果人能像蟑螂一样活下来，必然会有一些收获：

重新出头的那一天，你会得到更多的尊敬，因为人虽然屈服于强者之下，但打不死的勇者却有更强的号召力和感染力。

有过蟑螂般的生活经验，便不怕他日横逆之来。换句话说，对不如意事更能悠然面对，能屈能伸；阴暗的日子能过，风雨的日子能过，人到了这种地步，还有什么事能为难他呢？

【点　评】

所以，不要做恐龙横行一时，要学蟑螂生存繁衍，才能做一番事业，才能拥有成功的人生。

二、放下身份，前方是大道

能屈能伸，以屈为伸方能成就大事。

有一位大学生，在校时成绩很好，大家对他的期望也很高，认为他必定会成就一番大事业。

他是成就了一番事业，但不是在政府机关或在大公司里有成就，而是卖蚵仔面线卖出了成就。

原来他在毕业后不久，得知家乡附近的夜市有一个摊子要转让，他那时还没找到工作，就向家人“借钱”，把它买了下来。因为他对烹饪很有兴趣，便自己当老板，卖起蚵仔面线来。他的大学生身份曾招来很多不理解的眼光，为他招来不少生意。他自己倒从未对自己学非所用及高学低用产生过怀疑。

现在呢，他还在卖蚵仔面线，但也搞投资，钱赚得比一般人不知多多少倍。

放下身价，路会越走越宽。那位同学如果不去卖蚵仔面线或许也会成就大事。但无论如何，他能放下大学生的身价，还是很令人佩服的。你不必学他非得去做类似的事情不可，但在必要的时候，确实也应有他的勇气。放下身价，就是要在特定的情况下以屈求伸。一个人要成大事必须具备此精神。

人的“身价”是一种“自我认同”，并不是什么不好的事，但这种“自我认同”也是一种“自我限制”，也就是说“因为我是这种人，所以我不能去做那种事”。而自我认同越强的人，自我限制便越厉害，千金小姐不愿意和下女同桌吃饭，博士不愿意当基层业务员，高级主管不愿意主动去找下级职员，知识分子不愿意去做“不用知识”的工作……他们认为，如果那样做，就有失他们的身份。

其实这种“身价”只会让人的路越走越窄，这并不是说有“身价”的人就不能有得意的人生，就不能成大事。而是说在非常时刻，如果还放不下身价，就会让自己无路可走。像博士如果找不到工作，又不愿意当业务员，那只有挨饿了；如果能放下身价，那么路将会越走越宽。

同时，也不要在乎别人的眼光和批评，做你认为值得做的事，走你认为值得走的路。

“放下身价”比放不下身价的人在竞争上多了几个优势：

能放下身价的人，他的思考富有高度的弹性，不会有刻板的观念，从而能吸收各种资讯，形成一个庞大而多样的资讯库，这将是他成大

事的本钱。

能放下身价的人能比别人早一步抓到好机会，当然也就能比别人具有更多的成大事的资本。

有一则这样的故事：一千金小姐随着婢女在饥荒中逃难，干粮吃尽后，婢女要小姐一起去乞讨，千金小姐却说："我是小姐。"不愿意去乞讨。

结果呢？只能饿死而已。

【点　评】

你如果想在社会上成就一番事业，那么就要放下身价，即要放下你的学历、放下你的家庭背景、放下你的身份，让自己回归到"普通人中"。

三、软硬兼施，有方有圆

曾几何时，一提到"软硬兼施"，人们就会认为是专门贬斥那些善于要手段的人。对于那些人的行为，人们感到无耻和厌恶，说他们"软硬兼施，圆滑世故"。

软和硬都是为人处世的手段。既然是手段，欲成大事者大可不必担心对它的褒贬之词，尽管善择机会，见机行事。自古以来，软硬兼施的处世之道，正人君子可以使用，奸妄小人更加擅长，只不过是各取其用罢了。前者用以坚持正义，捍卫尊严，并且规劝他人行正道，后者则是为了达到某种不可告人的目的，甚至不惜牺牲别人的利益。既然它是手段，恶人用之作恶，正人自可用之"弃恶扬善"。

软硬兼施，需要恰如其分，恰到好处，作家三毛举例说："对一个恶人退让，结果使他得寸进尺；对于一个傻子夸奖，结果使他得意忘形。"

看来，要想使其发生效用，需见机行事，对欺软怕硬的人，可以以“硬”克之，对于吃软不吃硬的人，自可以以“软”化之。

“外圆内方”是软硬兼施的另一种表现。有方有圆，百事不难，为人处世既要坚持原则性（即“方”），又要保持灵活性（即“圆”），二者相辅相成，才能营造和谐的人际关系。

方与圆是构成各种不同形状体的两个基本几何形体，无论何种物体，离开方与圆就难以成形，在人们的社会交往中，要处理好人与人之间的各种关系，也少不了有方有圆的处世之道。“方”，即指品行方正，“圆”，即指婉转机警。有的人外方内圆，秉性刚直，心地善良；有的人外圆内方，面容慈善，行事有方。这些人并不都是老谋深算，老于世故的人。他们以“方”为立身处世的根本，以“圆”作为减少阻力的方式。

经验告诉我们：一个斤斤计较、处处与人摩擦者，即便他本领高强，聪明过人，也往往会使自己壮志难酬，事业无成。青年人未经社会的打磨，总呈现出棱棱角角，容易碰壁，为了减少前进中的阻力，为了集中精力去实现自己的理想和愿望，必要时，我们应该做出某种让步或妥协，即用“圆”的方法去取代“方”的精神，当然不能把“方”全丢了。人们活在复杂的社会当中，像舟行于江河，处处有“风浪”，有阻力，而一个人如果时时事事以“方”处之，以硬碰硬，竭尽全力与阻力相较量，相抵抗，甚至拼个你死我活，这样做的结果，一来精力难以承受，二来树敌太多，更不好过，与其如此，何不适当地用些“圆”的方法，积极地去设法排除一些困难或减少部分阻力，这样不就使通向成功之路上少几块绊脚石了吗？

以战争为例，两军对峙，若正面进攻（可以说是“方”）不成，因为敌强我弱，力量悬殊，硬要上只能是“以卵击石”。有经验的统帅，面对寡不敌众的形势，采用迂回包抄的战术，避其主力，击其侧翼，就会扭转战机，取得胜利。这“迂回包抄”的战略，不就是“圆”的战术吗？

行事为人，过于方正可能会树敌过多或显得不近人情而伤了别人；过于婉转又容易被人说成圆滑，所以行方圆之道要掌握“火候”。

【点　评】

无论软硬兼施也好，有方有圆也好，它都是启示人们处理好社会生活中各种人际关系的重要思维，为成就大事储备必要的资源。

四、欲擒故纵，回避锋芒

生活中，经常会遇到一些棘手的难以解决的问题，欲成大事者必懂得欲擒故纵，回避锋芒。

冯某是某教育局的人事科长，经常处于矛盾的包围之中，上级的话他不得不听，违心的事也要办，下边的事不敢应，一应就是一大串，他的官得的苦不堪言。

在他极其苦恼时，一位智者提醒他，面对矛盾，你何不采取回避锋芒的办法，这能使你得到解脱。这使冯科长茅塞顿开，连叹自己以前太笨，以致得罪了一些上级。

掌握了这一处理矛盾的秘诀，冯科长坦然多了。

一次，刘副局长让他想办法将其自费毕业的侄子安插到某中学去。这不符合政策，让冯科长很为难，因为一旦出现问题，承担责任的是他，而非刘副局长。这时他想起了回避锋芒，不直接对抗的退让之法，便小试牛刀。

冯科长对刘副局长说："好，我会尽心为您办这件事的，你让你的侄子把他的毕业证、档案材料给我送过来。"

刘副局长的侄子来了，但只有档案材料，没有毕业证，因为他虽读完了两年学制，但学业不精，自学考试才通过了七门，哪来的毕业证，冯科长让他先回去等候通知。

过了几天，刘副局长又过问这件事情，冯科长先说了说他侄子的

情况，随后说道：

"刘局长，我说话算数，你给那所学校的校长谈谈，只要他们接收，我这就把关系给开过去。"

刘副局长从冯科长的话里显然已听出了弦外之音，只好说："那就先放放再说吧。"

冯至对刘副局长没有采取直接对抗的方法，而是欲擒先纵、回避锋芒，达到了保护自身的目的。

官场上的矛盾、冲突、痛苦，使大部分人都会处于战争状态。用欲擒先纵的办法，回避锋芒，不直接对抗，能让你的心灵自在、祥和，矛盾也会在迂回曲折中得到妥善解决。一旦回避了锋芒，你就会发现事情原本可以很简单。识时务者为俊杰，当你处于矛盾的漩涡中时，当你处于矛盾的焦点时，你不妨暂时退让一步，再伺机推托。

【点　评】

欲擒故纵回避锋芒是一种智慧，更是成大事的一种手段。

五、以忍为先成大事

世间凡遇事以忍为先的人都不是等闲之辈，所以欲成大事者必要时要以忍为先，先屈而后求伸。

下面我们来看一则故事：

刘秀手下的颍川郡，太守寇恂是个很懂得顾全大局而又非常聪明的人。

有一次，执金吾贾复从京城洛阳去汝南郡，他手下的一个小军官在颍川郡杀了人，寇恂派人把这军官抓来，在大街上砍头示众。贾复在汝南郡听到这件事，认为这是寇恂故意扫他的面子，气得骂着说：

“真是岂有此理，打狗还得看主人呢！寇恂这小子，我绝饶不了他！”不久，贾复从汝南回洛阳，快到颍川郡时，对左右的人说：“我见到寇恂，一定要亲手杀了他！”

寇恂知道贾复不会放过他，就决定躲开，不跟贾复见面。他手下的一个武官对他说：“您怕贾复干吗？我带着剑跟在您身边，他要动手，我就对他不客气！”寇恂语重心长地说：“你知道廉颇和蔺相如的故事吗？蔺相如那么有勇有谋，连秦王都怕他，可廉颇要为难他时，他却让着廉颇。为什么呢？他是为国家着想啊！他能做到的，我寇恂难道做不到吗？”

可是，贾复是京城来的大官，他从颍川郡路过，太守完全避开不见面也是不行的。寇恂想了想，吩咐手下人备下丰盛的酒饭，等贾复和他的随从们来了，给他们每人送上两份酒食。贾复的队伍一进颍川郡地界，郡里的官员们就按照寇恂的安排，热情地迎上前去，献上好酒好饭，一个劲儿地劝他们多吃多喝。等他们吃饱了，喝足了，寇恂突然赶来，表示欢迎，然后推说有病，匆匆忙忙地走了。贾复急忙叫人去追，但手下人一个个喝得醉醺醺的，吃得饱饱的，爬不起，跑不动，只好眼看着寇恂走远了。

寇恂是一个不计较个人恩怨，以国家利益为重的人。他能够清醒地对待别人对于自己的仇视，不与他人去争长论短，而是机智避退，并不是他软弱无能，正是一个忠直之臣过人之处。寇恂忍仇不争、不斗，是心胸博大，为国家着想，如若不忍，与贾复刀对刀，枪对枪地争斗起来，只能是仇更深，怨更大，解决不了什么问题。而退一步，对自己、对国家都有利，正是海阔天也空。

【点　评】

坚持秉公执法，因而得罪权贵，结下怨仇，按理来说，寇恂没有任何过错。面对对方的寻衅，寇恂顾全大局，以忍为大，只有这样的人才是成大事之人。

六、天大的事，忍一忍就过去了

明朝苏州城里有位尤老翁，开了间典当铺。一年年关前夕，尤老翁在里间屋盘账，忽然听见外面柜台有争吵声，就赶忙走了出来。原来是一个附近的穷邻居赵老头正在与伙计争吵。尤老翁一向谨守"和气生财"的信条，先将伙计训斥一通，然后再好言向赵老头赔不是。

可是赵老头板着的面孔不见一丝和缓之色，靠在一边柜台上一句话也不说。挨了骂的伙计悄声对老板诉苦："老爷，这个赵老头蛮不讲理。他前些日子当了衣服，现在，他说过年要穿，一定要取回去，可是他又不还当衣服的钱，我刚一解释，他就破口大骂，这事不能怪我呀。"

尤老翁点点头，打发这个伙计去照料别的生意，自己过去请赵老头到桌边坐下，语气恳切地对他说："老人家，我知道你的来意，过年了，总想有身儿体面点的衣服穿。这是小事一桩，大家是抬头不见低头见的熟人，什么事都好商量，何必与伙计一般见识呢？你老就消消气吧。"

尤老翁不等赵老头开口辩解，马上吩咐另一个伙计查一下账，从赵老头典当的衣物中找四五件冬衣来。然后，尤老翁指着这几件衣服说："这件棉袍是你冬天里不可缺少的衣服，这件罩袍你拜年时用得着，这三件棉衣孩子们也是要穿的。这些你先拿回去吧，其余的衣物不是急用的，可以先放在这里。"赵老头似乎一点儿也不领情，拿起衣服，连个招呼都不打，就急匆匆地走了。尤老翁并不在意，仍然含笑拱手将赵老头送出大门。

没想到，当天夜里赵老头竟然死在另一位开店的街坊家中。赵老头的亲属乘机控告那位街坊逼死了赵老头，与他打了好几年官司。最

后，那位街坊被拖得筋疲力尽，花了一大笔银子才将此事摆平。

事情真相很快透露了出来，原来赵老头因为负债累累，家产典当一空后走投无路，就预先服了毒，来到尤老翁的当铺吵闹寻事，想以死来敲诈钱财。没想到尤老翁一忍再忍，明显吃亏也不与他计较，赵老头觉得坑这样的人即使到了阴曹地府也要下地狱，只好赶快撤走，在毒性发作之前又选择了另外的一家。

事后，有人问尤老翁凭什么料到赵老头会有以死进行讹诈的这一手，从而忍耐让步，避过了一场几乎难以躲过的灾祸。

尤老翁说："我并没有想到赵老头会走到这条绝路上去。我只是根据常理推测，若是有人无理取闹，那他必然有所凭仗。在我当伙计的时候，我爹就常对我说：'天大的事，忍一忍也就过去了。'如果我们在小事情上不忍让，那么很可能就会变成大的灾祸。"

尤翁以少见的忍耐力避开了大的灾祸，的确，天大的事，忍一忍也就过去了，这可谓是能屈能伸方圆做人的至高境界了。

美国前总统林肯曾经说过：对暂时斗不过的小人要忍耐。与其和狗争道被狗伤，还不如让狗先走。因为即使你将狗杀死，也不能治好被咬的伤，正所谓"小不忍则乱大谋"。所以在待人处世中，当自己处于不利地位，或者危难之时，不妨先退让一步，利用忍耐暂时躲避。这样做，不但能避其锋芒，脱离困境，而且还可以另辟蹊径，重新占据主动。当然，"忍字头上一把刀"，忍很多时候是以自己明吃亏，或者故意"作贱"自己为代价的，脸皮薄拉不下面子来那怎么能行？

【点　评】

生活中难免有不如意，若能忍耐一下，也许就会峰回路转了。如果你掌握了生活中能屈能伸的原则，也就具有了成大事的资质。

七、斗气与斗志

世间诸事不能皆遂人意，与人相处，亦不能都合心愿，欲成大事者做人不可极端，那样势必会导致失败的惨局，不如把生命之弓暂弯屈一下，“斗气”改“斗志”，斗气只会让你一败涂地，而斗志却能助你成大事一臂之力。

斗气时何妨弯一下让一步，用斗志来解决问题更好。此乃做人的一种手腕，将成为你做大事的资本。

男女朋友意见不合而吵架，两人都很生气，谁也不想先开口道歉，这便是“斗气”。

某甲得罪了某乙，某乙回头羞辱某甲，某甲失了颜面，与某乙结下了怨恨，从此天天斗，月月斗，年年斗！这也是“斗气”。

A公司生产某产品，独占市场，B公司也推出类似产品，瓜分了A公司一半市场，并声言将击败A公司，A公司不甘示弱，花大钱打广告，发誓把市场夺回来！这也是“斗气”。

斗气是人类很自然的反应，可是斗气只能带给人一时激情式的满足，本身并没什么建设性，甚至可以说，斗气的破坏性大于建设性。原因如下：

——斗气会模糊掉你应追求的目标；例如夫妻斗气会妨碍家庭幸福；两人斗气，会荒废事业；两个公司斗气，会互相毁灭；两个国家为斗气而打仗会民不聊生。为“气”而投下时间精力金钱，智者不为也。

——斗气会使理性失去清明；“气”是属于情绪性的，“气”的存在，使人呈现感性的一面，但若上升到要“斗”的程度，则会使理性失去清明，让人做出错误，甚至后悔莫及的决定。所以，智者不为也。

——斗气有时是对方的策略，或许他知道你容易动“气”，所以故意挑逗你，好把你引到歧路，让你因此毁灭；或许他不知道你是不是容易动“气”，但激一激你，可以了解你的底细，而他的目的，当然也是为了破坏你，或是毁灭你！所以，斗气，智者不为也。

——斗气会使人格变小，“忘”了“气”之外还有更重要的事、更广大的天地；所以，斗气，智者不为也。智者只斗志！“志”指“志向”，也就是抱负、理想及对未来的规划；换句话说，不管别人对你如何，也不管自己心里感受如何，保管坚定地奔赴自己的目标，也不在乎对方是不是跑在你前面，你只走你该走的路。

“志”也指“理性”，也就是说，让理性来引导，你的每一个作为都经过仔细的思考，绝无冲动，绝不可感情用事。

“气”是空的、虚的、浮的，因此也是不久长的，而“志”却是实的，稳的、充满力量的，因此“志”对“气”，“气”绝无胜算。

很多人的失败都因斗气，这些人也都到了年纪大了，才了解斗气的荒谬可笑。

【点　评】

成大事者需只斗志而不斗气，甚至根本不斗——不与人斗，只跟自己斗。

八、妥协的智慧

"妥协"有时候会被认为是屈服、软弱的"投降"动作，但妥协在这里没有贬义。

"妥协"是双方或多方在某种条件下达成的共识，在解决问题上，它不是最好的办法，但在没有更好的方法出现之前，它却是最好的方法，因为它有不少的好处。

——可以避免时间、精力等"资源"的继续投入。在"胜利"不可得，而"资源"消耗殆尽日渐成为可能时，"妥协"可以立即停止消耗，使自己有喘息、修补的机会。也许你会认为，"强者"不需要妥协，因为他"资源"丰富，不怕消耗；理论上是这样子，问题是，当弱者以飞蛾扑火之势咬住你时，强者纵然得胜，也是损失不少的"惨胜"，所以强者在某些状况下也需要妥协。

——可以藉妥协的和平时期，来扭转对你不利的劣势。对方提出妥协，表示他有力不从心之处，他也需要喘息，说不定他根本要放弃这场"战争"；如果是你提出，而他也愿意接受，并且同意你所提的条件，表示他也无心或无力继续这场"战争"，否则他是不大可能放弃胜利的果实的。因此"妥协"可创造"和平"的时间和空间，而你便可以利用这段时间来引导"敌我"态势的转变。

——可以维持自己最起码的"存在"。妥协常有附带条件，如果你是弱者，并且主动提出妥协，那么可能要付出相当的代价，但却换得了"存在"；"存在"是一切的根本，因为没有"存在"就没有明天，没有未来。也许这种附带条件的妥协对你不公平，让你感到屈辱，但用屈辱换得存在，换得希望，相信也是值得的。

不过，"妥协"要看状况。

第一，要看你的大目标何在，也就是说，你不必把资源浪费在无益的争斗上，能妥协就妥协，不能妥协，放弃战斗也无不可。但若你争的本就是大目标，那么绝不可轻易妥协。

第二，要看"妥协"的条件，不必把对方弄得无路可退，这不是为了所谓的正义，而是为了避免逼虎伤人。更何况，除非你把对方杀了，否则他的力量是永远存在的。如果你是提出妥协的弱势者，且有不惜玉石俱焚的决心，相信对方会接受你的条件。

总之，"妥协"可改变现况，转危为安，是战术，也是战略，更是成大事的智慧。

【点　评】

"妥协"其实是非常务实、通权达变的丛林智慧，凡是能成大事者，都懂得在恰当时机接受别人的妥协，或向别人提出妥协，毕竟人要生存，靠的是理性，而不是意气。

九、退有时就是最好的进

退是为了进，有时候只有退才能更好地进，适当时机的退是成大事的一种眼光和魄力。

"退避三舍"是出自于春秋时期的、一个著名的成语，也是当时一个谋略的故事。

晋文公重耳在国外流亡时，辗转来到楚国，楚成王把他当作国君一样的贵宾对待。一天，成王在为重耳举行的宴会上问道："公子要是回到晋国当国君以后，用什么来报答我呢？"晋文公当时答道："玉石、美女和绫罗丝绸你们都有，珍奇的鸟羽、名贵的象牙就产在你们国土

上，流落到我们晋国去的，不过是你们剩余的物资，我不和道拿什么来报答你们。"楚成王还是抓住这个话题不放，继续说："即使就像你说的那样，你总得给我们一点报答吧！"重耳考虑了一下说道："如果你托您的福，能够返回晋国，有朝一日不幸两国军队在中原相遇，我将后退三舍回避您，以报答今日的盛情。若这样做还得不到您的谅解，我也就只有驱马搭箭与您周旋一番了。"

公元前632年，晋文公采纳中军元帅先轸的计谋，离间了楚国与齐、秦的关系后，又离间了曹、卫与楚的关系。楚国被激怒，楚令尹子玉立即率军北上，征伐晋国。

晋文公见楚军逼近，便下令晋军后撤三舍（古时一日行军30里为一舍，90里即为三舍）。晋军后撤引起将士不解，他们认为，晋国之君躲避楚国之臣，这是一种耻辱，何况楚军在外转战多时，攻宋国一直不能克，士气已经衰竭，晋军不应后退。晋臣狐偃向大家解释说，国君这样做，是为了报答当年楚国的恩惠，兑现"两国若交兵，退避三舍相报"的诺言。如果国君以前说的话不算数，我们就理屈了。

其实，晋文公下令退兵90里，一方面是为了实现诺言，更重要的还是军事上的需要，想以此法来激励晋军将士，同时也使晋军避开楚军的锋芒，进一步纵容楚令尹子玉的骄横情绪，然后选择有利的时机和地势同楚军会战。

果然，晋军撤到城濮后，宋、齐、秦等国也分别派来了军队，支持晋文公的行动。而在楚军中，一些将士见晋军撤退90里，也主张就此撤军返楚。但是，子玉却坚决不同意，他认为，晋军的后撤是惧怕楚军的表现，于是率领楚军紧追不舍，一直到城濮的一个山头下驻扎下来。结果，城濮一战，楚军被晋文公率领的联军大败。

"退避三舍"，其中包含着多层谋略，如借守信用，实现诺言，以争取舆论的支持，掌握战争主动权；欲擒故纵，借以纵敌骄傲；避敌之锋芒，消耗敌兵士气；以退为进，寻找破敌最佳突破口等等。这一谋略是最基本的，应该说是晋文公动用了以退为进的战略。

以退为进是现代商战争霸中的重要谋略。在商场竞争中，一个经营者如果不懂得以退为进的谋略，就会在盲目前进中碰壁。反之，当你所经营的产品出现市场疲软，难以销售的时候，当你与竞争对手在实力对比上相差悬殊，难以战胜对手的时候，不妨采用退一步的策略，以退求进，定能比盲目进取获更大的成效。美国著名企业美国钢铁公司就曾成功地运用这一谋略反败为胜。

众所周知，美国钢铁公司是1901年由三家钢铁企业合并而成的巨型企业。上世纪50年代，该公司是世界上最大的钢铁公司。到了上世纪60年代，日本钢铁公司占了上风，夺走了美国钢铁公司在世界钢铁界的魁首地位，美国钢铁公司屈居第二位。

大卫·罗德里克出任美国钢铁公司董事长后，为了从困境中摆脱出来，他采取了以退为进的策略：首先缩小公司的规模，然后再谋求新的发展。从1980年开始，罗德里克总共关闭了150座工厂，减少了30%的炼钢生产能力，淘汰了54%的职员，裁减了10万工人。与此同时，他出售了公司的大片林地、水泥厂、煤矿和建筑材料供应厂等资产，获得了将近20亿美元的活动资金。随后，罗德里克与公司有关人员一起，对美国几家大企业进行研究，最后以50亿美元的价格收购了一家石油公司。虽然石油公司与钢铁公司的性质完全不同，然而，罗德里克此举的目的一是想扩大公司的业务范围，二是为公司拓展新的发展道路，以防不测。果然，当西方钢铁业最不景气的风暴袭击美国时，美国钢铁公司不仅没有受到钢铁企业纷纷破产倒闭浪潮的波及，而且，由于公司开辟了石油业务，在面临困难环境的大背景下，公司还得到了发展。1985年一季度的营业额达45亿美元，仅石油及天然气的营业额就有25亿美元，从中获利3亿美元。美国钢铁公司又开始重振当年的雄风。

【点　评】

以退为进是成大事的一种手段，需要我们认真揣摸好好利用。

十、要经得起折腾

“文革”时，很多人被下放到农村去接受再教育，遭了不少罪，挨了不少打。可是，有一个中学教师说，这也是一种享受，这倒不是因为他过得很舒坦。其实，在他身上有18处伤疤，每一个伤疤都是一个故事，他说自己准备把以往生活的片断都写出来，耐人寻味得很。

在农村期间，他把以前学过木匠的本事拿出来了，十里八村有啥事都找他。

有一天，一个村民的老娘死了，找他打一口棺材，他手到擒来。谁知，当晚就叫造反派抓走了：“你说你自己站到什么路线上去了，我们辛辛苦苦在破四旧，你却跟革委会对着干。”于是，他被勒令在炉前哈腰，炉火正旺，哈着腰的他汗珠滴到炉子上，发出吱吱的声音，就这么挺了几个小时。

无独有偶，没几个月过后，这个造反派头头的老娘死了，也找他做棺材，他说这是四旧啊，我不做，造反派说你做不做，跟“革命事业”对着干是不是？这时候也没什么理可讲了，他说好吧我做。

几天之后，棺材也做好了，当地有个风俗，临入葬的时候再钉钉，一般的情况是钉三下，儿子在前面磕上三个头，今天他灵机一动，前面的造反派头头正磕头呢，他就一个劲儿地钉，钉了能有30多下，造反派头头磕上了30多个头，头都快磕肿了，他在心里偷偷地乐，靠着这种办法，缓解以至化解了很多痛苦。

如果这个人承受不住这些折腾，也许早就命归黄泉了，可是他安然地活到现在。生活中总是会有风雨，郑智化曾唱道：“风雨中这点痛怕什么……”一个欲成大事的人更应该学习这种精神。经得起如此折腾的人，还有什么苦不能吃？

另外，经得起折腾要保持一个平和的心态，"见怪不怪，其怪自败"，你不拿烦恼当回事，就可以减少很多不必要的麻烦。这样的事情有很多版本。

一个多世纪前，在俄罗斯一个寂寞的火车站上，有一位穿旧皮袍的老头在低头沉思，他就是贵族出身的大作家列夫·托尔斯泰。这时，火车上一个声音高喊着："喂，老头儿，快去候车室把我的皮箱取来，我给你一个铜板。"对于一个伟大的俄罗斯作家来说，这简直是侮辱，老托尔斯泰完全可以勃然大怒，并斥责发出声音的人。但是，托尔斯泰按着那个人说的做了，然后，弯腰拾起了那一枚铜板。

生活中的老托尔斯泰并不喜欢贵族的生活状态，他更同情弱者，因此，在作品中创作了失去人身权益的安娜·卡列尼娜等重要人物，对站台上那位旅人的做法并不感到太大的怪异，尽管那个人很不礼貌，甚至近乎粗鲁。可是，如果从另一个角度去考虑，也能感受到他粗鲁中流露的感激和亲密，世界上的事情真是很难说得清楚，你越是对别人的做法感到理解，越会衬托出自己的高贵和尊严。你再去想站台上的那个镜头，似乎可以感到，没有比托翁的做法更恰当的方式了。

可是，在日常生活中，人们更多的是采取吵嚷、谩骂、诋毁的方式摆脱困惑。而困惑并没有因为他们的反感而减轻丝毫的分量，所以，视坎坷为幽默才是人生的大智慧。而且，只有领会要这种境界，才能树立正确的人生方向，破除成大事路上的种种障碍，最终品尝全面成功的喜悦。

【点　评】

人活一世，总会遇到诸多风雨和磨难，无论这是生活对你的考验还是磨砺，你都要经得起折腾，保持平和心态，这是成大事所必需的。

十一、保持弹性

人一生中都要保持一种弹性，无论是与人交往还是成就事业。弹性是做人的手腕，是成大事的手段。

实际上，在人生的舞台上，上台或下台都是平常的。假如你的条件适合当时的需要，当机缘一来时，你就可以上台了，若是你演得好而且演得妙，你就可以在台上呆久一点，假如唱走了音，演走了调，老板不让你下台，观众们也会把你轰下台的；或者是你演的角色已经不符合潮流，或者是老板想让新人上台，于是乎你就下台了。

上台当然是自在的，但是下台呢？难免是神伤的，这是人之常情，但是成大事者必能做到“上台下台都自在”。所谓的“自在”指的是心情，能够放宽心是最好的，不能放宽心也不能把这种心情表现出来，以免让人以为你已经受不住打击；你如果平心静气，做你应该做的事情，而且想办法锻炼你的“演技”，随时准备再次上台，无论是原来的舞台或者是别的舞台，只要你不放弃，就会有机会！

还有另外一种情形也非常令人难堪，这就是由主角变成了配角。

假如你看看电影、电视中的男女主角受到欢迎或崇拜的情况，你就可以了解由主角变成配角之后的那种难过之情。

就像是人的一生避免不了上台或下台一样，由主角变成了配角也是一样难以避免的——下台没有人看到也就算了，可偏偏还要在台上表演给别人看！

由主角变成了配角也会有好几种情形，其中一种情形是去当别的主角的配角，第二种情形是和配角对调。

这两种情形以第二种最让人难以释怀。

真正演戏的人可以不同意当配角，甚至可以从此而退出那个圈子。但是在人生的舞台上，想要退出并不容易，原因是你需要生活，这就是现实啊！

因此，由主角变成了配角的时候，不要悲叹时运不济，也不用怀疑有人在暗中搞鬼，你需要做到的只是平心静气，好好地扮演你配角的角色，向别人证明你主角与配角都能演！

这一点是很重要的，若是你连配角都无法演好，那怎么能让人相信你还能够演主角呢？

假如自暴自弃，到最后就算下不了台，也必将会沦落到跑龙套的角色，人要是到如此地步就更悲哀了。

假如能好好地扮演好配角的角色，一样会得到掌声的，若是你仍然会有主演的架势，自然就会有再度独挑大梁的一天！

总的来说，人生的机遇是变化多端，难以预料的，起伏是难免的，有的时候逃都逃不过。碰到这种情况，就应该有"上台下台都自在，主角配角都能演"的心境，这就是面对人生的一种态度，如此你也才会获得再度发光的机会！

【点　评】

在人生舞台上保持弹性才能实现人生的价值，成就事业的辉煌。因为没有人会去欣赏一个自怨自艾的人，同样成功亦不会青睐一个自暴自弃的人。

十二、把冷板凳坐热

能力再强、际遇再佳之人也不可能一辈子都一帆风顺的，假如你是为人作嫁衣，便有了坐冷板凳或者不受重用的可能性。

为什么说会坐冷板凳呢？

原因有很多种。

①本身能力不高。只能够做一些无关紧要的事情，可是也还没有达到必须开除的地步。

②曾经犯过重大错误。在社会上做事情不比在学校里办社团，社团办失败了也不会怎么样，在社会上做事一旦犯了错误，就会让你的上司或你的老板对你失去信心，由于他不可能再一次用他的资本或者职位来冒险，因此只好暂时先把你冰冻起来。

③老板或者上司有意的考验。人要做大事就要有面对挑战的勇气，还要有身处于孤寂中的韧性。

有时要培养出一个人，除了让他有事做以外，还要让他没事可做，一方面观察，另一方面训练。

这种考验事前不会让你知道的，知道了也就不算是考验啦！

④人事斗争中的影响。只要是有人的地方就会有斗争，就连私人公司的老板也同样会受到员工斗争的影响。假如你不善于斗争，那么你就有可能莫名其妙地失了势坐起冷板凳来。

⑤大环境变化了。时势造英雄，很多人的崛起是由于环境所造成的，由于他的个人条件很合适当时的环境。但是时过境迁，英雄也就没有用武之地了，这个时候你就只好坐冷板凳了。

⑥上可者的个人好恶。这并没有什么道理好说，上司或者老板突

然就不喜欢你了，于是你就只好坐冷板凳了。

⑦你冒犯了上司或者老板。宽宏大量的人对你的冒犯是没有什么的，可是人是有感情的动物，你在言语或者行为上的冒犯假如惹恼了领导，你就有了坐冷板凳的可能。

⑧威胁到老板或者上司。你的能力如果太强，又不懂得怎样收放，让你的上司或者老板失去了安全感，这样你就会受到冷冻。

老板害怕你夺走了商机并且去创业；上司则怕你夺走了他的位置，这个冷板凳不给你坐还会给谁坐呢？

坐冷板凳的理由还有很多种，没法一一列举出来，而人一旦坐上了冷板凳，一般都无法去仔细想原因是什么，只知道成天抱怨。

但是，与其在冷板凳上疑神疑鬼，还不如调整好自己的心态，努力把冷板凳坐热呢！

①强化自己的能力。在不被重用的时候，也正是你广泛收集吸收各种情报的最好机会，能力得到了强化，当时来运转时，就可跳得更高，表现得更出色！

但在这段坐冷板凳的时候，别人也正好在观察你，假如你自暴自弃了，那么恐怕就要坐到屁股结冰了，并且恶评一起，恐怕就没有翻身的机会了。

②用谦卑来建立较好的人际关系。人全都有打落水狗的劣根性，当你坐冷板凳时，别人恨不得你永远都不要站起来！

之所以需要谦卑，广结善缘，更不要提起当年勇，那些是无所助益的，并且"当年勇"也会将你坠入"怀才不遇"的情境中，并且也是徒增自己的苦闷而已！

③更加敬业，每一刻都不疏忽。虽然你做的只是小事，可是也要非常认真地做！

不要忘了，很多人正用冷眼旁观，给你打分数里！

能够有以上所论的作为，你一定可以把冷板凳坐热。无论你坐冷板凳的真正原因是什么，这全都是训练自己的耐性，磨炼自己心志的

好机会。冷板凳已经坐过了，别的还有什么好怕的呢？

除此之外，人人都喜欢锦上添花，当你把冷板凳坐热时，你自然会得到许多的赞美与掌声，最终有所成就；假若坐不住冷板凳，那么你就会被别人看轻并一事无成！

【点　评】

当你坐了冷板凳的时候，该怎么办呢？这时候你势必要有能屈能伸的大丈夫气概，坚决把冷板凳坐成热板凳，以求得更大发展。

十三、生意场上能屈能伸

若你能掌握能屈能伸的法则，则你便可轻易地驰骋于生意场上，决胜于千里之外。能屈能伸是成大事绝不可少的手段。

日本大神机电在沪登报招聘华籍高级雇员。不满30岁的邵先生凭一口自学的流利日语，轻松地通过考试，当场被聘为业务代表。上班第一天，商务处主任大竹先生向邵先生详细介绍任职后的工资、待遇、补贴、福利，去日本联系业务的机会以及晋升的可能。大竹又对邵先生说：“请邵先生多多为大神出力，拜托了！”说罢恭恭敬敬地鞠了一个九十度的躬。邵先生深受感动，连忙起身还礼，并暗暗地下了决心：一定要成功。

邵先生果然成功了，三年以后被提升为驻沪商务处的副主任，当上大竹深可依赖的副手。

邵先生在代表日商与中方谈判合同价格时，深懂其中的技巧。他熟谙反客为主的真谛，总爱先抓住中方报价中的漏洞，乘机掌握谈判的主动权，然后步步逼近取得成功。当然，邵先生得心应手地施行此计绝非一日之功，全靠平素的经验积累和勤于思索，尤其是第一次出

马就走弯路的教训，给了他有益的启示。

那是邵先生首次代表日商与上海一家五金公司洽谈中国钨砂的购销业务。钨是冶金、机电、电子、航空、航天工业的重要原材料。中国钨砂品位居世界之最，向被国际市场器重，也是我国五金矿业的免检产品。但由于某西方国家的作祟，中西方的一些官方进出渠道不是很畅，于是民间的转口贸易就成为外商眼热的生财之道。此番大神公司沪办派邵先生登门，意在征询试探。他走进这家公司的业务科，见四处胡乱地堆着杂物，办公桌上散着碗筷，有的在看报纸，有的在闲聊，有的在电话里谈私事，却没有一个人接待他。邵先生掏出美国烟散了一圈，才被告知科长不在，继续遭冷落。过了一会儿，一个打完电话的小伙子有些不好意思了，上前答话。

邵先生极想通过这个小伙子促成交易，尽力把涉及到的双方利益全都说得清清楚楚、详详细细。可小伙子听完后却摇摇手，说自己“做不了主”。邵先生又介绍了促成这笔生意的方法、步骤。小伙子又笑了笑说：“不要讲那么多，生意成不成对你关系很大，对我没有一丝一毫的好处，不会多拿一分钱的奖金。”

为了等待可以做主的科长回来，邵先生就与小伙子闲谈起来。话题慢慢地由电影扯到歌星，邵先生说自己认识香港某著名歌星的经纪人，小伙子立刻来了精神，称赞邵先生“脑子活络”。邵先生是上海人，当然知道这句上海话中隐藏着的那种含义，他当即拍胸脯许诺：下午就送几张这个歌星在上海举办演唱会的票子来。这一招使小伙子竟有些眉飞色舞了。

邵先生虽没有搞到歌星演唱票的路子，但讲信用。从五金公司出来，他驱车赶到体育馆门口，高价买了 10 张黑市票，再折回五金公司业务科。小伙子惊喜了，全科人员也开始重新认识邵先生。于是，热气腾腾的香茶端来了，亲热的脸庞凑近了，并且不再把他当成外人。

“慢慢来，跟我们公司做生意，总是开头难……”小伙子劝慰邵先生。科里的其他人也七嘴八舌地告诉邵先生：只要能跟我们业务科搭

上线，这桩生意随便你怎样做，公司头头没有一个懂业务，关键是叫他们愿意跟你做买卖。邵先生当即答道："我想办法再弄点演唱会的票子，这对头头没有用?"小伙子断然否定。邵先生一脸沮丧，掏出十几只进口一次性打火机分送给各人，请求帮助。

同乡之情最容易贴近，洋买办在自己面前是个弱者，更能使上海人的自尊心获得满足并慷慨地付出同情。业务科的人替邵先生出谋划策了：只要邵先生把日本老板带到公司里来，公司领导就不得不出面接待，到那时大伙帮着说说，再特别强调一下你们商社是我们公司的老关系户，成交就不困难了。

话剧上演了，很简单但很成功。公司头头见到了日本人，表现出极大的热情，双方拍板成交用了不到一个小时。邵先生经他人之手导演的反客为主，恰好符合中国的国情——倘若只是打通上层，那将面对下面各个环节的困阻，未必办成事情；假如仅仅疏通下层部门，也不一定能与当权者签约，因为下面的人为避嫌而不肯多说话；唯有借助于以内为外、以外为内的角色移位，才能达成交易。此后，大神株式会社驻沪商务处很快成为上海这家五金公司的主要外销渠道，而上海这家五金公司也逐渐变作大神株式会社驻沪商务处的重要业务支柱。虽然双方还算得上互惠互利，但谁又能算得清是否利益均等呢?

【点　评】

这不能不说是一个能屈能伸的典型事例。事实上不仅仅是在商场上，在生活中的任何一个场合，都要保持能屈能伸的品质，这样才能圆满做人，成就大事。

十四、该傻时傻,该疯时疯

明成祖朱棣,本为燕王,就是靠装疯这一招赢得了时间,最终发动了叛乱,打败了建文帝,登上了皇位,成为中国历史上著名的君主。

明朝的开国皇帝朱元璋有许多儿子,其中朱棣为人沉稳老辣,很像朱元璋。在太子朱标病死以后,朱元璋曾想立朱棣为太子,但许多大臣表示反对,理由为:如立朱棣为太子,对朱棣的兄弟无法交代,因为这是不合正统习惯。朱元璋无奈,只得立朱标的次子(长子已病死)为皇太孙,朱元璋死后,皇太孙即位,即为建文帝。

建文帝年龄既小,又生性仁慈懦弱,他的叔叔们各霸一方,并不把他看在眼里。原来,朱元璋把自己的子侄分到各处,称作亲王,目的是为了监视各地带兵将军的动静,以防他们叛乱,后来就分封各地,成为藩王。这样,许多藩王就拥有重兵,如宁王拥有八万精兵,燕王朱棣的军队更为强悍了。这样一来,建文帝的皇权受到了严重的威胁,在一些大臣的鼓励之下,建文帝开始削藩。在削藩的过程中,杀了许多亲王,其中当然也有冤杀者,燕王朱棣听了,十分着急。

好在燕王朱棣封在燕地,离当时的都城金陵很远,又兼地广兵多,一时尚可无虞。僧人道衍是朱棣的谋士,他对朱棣说:"我一见殿下,便知当为天子。"相士袁珙也对朱棣说:"殿下已年近四十了,一过四十,长须过脐,必有天子,如有不准,愿剜双目。"在这些人的怂恿下,朱棣便积极操练兵马。

道衍唯恐练兵走漏消息,就在殿中挖了一个地道,通往后苑,修筑地下室,围绕重墙,在内督造兵器,又在墙外的室中养了无数的鹅鸭,日夕鸣叫,声流如潮,为了不使外人听到里面的声音。但消息还是走

漏出去了，不久就传到朝廷，大臣齐泰、黄子澄两人十分重视此事，黄子澄主张立即讨燕，齐泰以为应先密布兵马，剪除党羽，然后再兴兵讨之。建文帝听从了齐泰的建议，便命工部侍郎张昺为北平布政使，指挥谢贵、张信掌北平都司事，又命都督宋忠屯兵开平，再命其他各路兵马守山海关，保卫金陵。部署已定，建文帝便又分封诸王。朱棣知道建文帝已对他十分怀疑，为了打消他的疑忌，便派自己的三个儿子高炽、高煦和高燧前往金陵，祭奠太祖朱元璋，建文帝正在疑惑不定，忽报三人前来，就立即召见。言谈之下，建文帝觉得除朱高煦有骄矜之色外，其他两人执礼甚恭，便稍稍安心。等祭奠完了朱元璋，建文帝便想把这三人留下，作为人质。正在迟疑不决之际，朱棣早已料到这一手，飞马来报，说朱棣病危，要三子速归。建文帝无奈，只得放三人归去。魏国公徐辉祖听说了，连忙来见，要建文帝留下朱高煦。原来，徐辉祖是徐达之子，是朱棣三子的亲舅舅。他对建文帝说："臣的三个外甥之中，唯有高煦最为勇悍无赖，不但不忠，还将叛父，他日必为后患，不如留在京中，以免日后胡行。"建文帝仍迟疑不决，再问别的人，别人都替朱高煦担保，于是，建文帝决定放行。朱高煦深恐建文帝后悔，临行时偷了一匹徐辉祖的名马，加鞭而去。一路上杀了许多驿丞官吏，返见朱棣。朱棣见高煦归来，十分高兴，对他们说："我们父子四人今又重逢，真是天助我也！"

过了几天，建文帝的朝旨到来，对朱高煦沿路杀人痛加斥责，责令朱棣拿问，朱棣当然置之不理。又过了几天，朱棣的得力校尉于谅、周铎两人被建文帝派来监视朱棣的北平都司事张昺、谢贵设计骗去，送往京师处斩了。两人被斩以后，建文帝又发朝旨，严厉责备朱棣，说朱棣私练兵马，图谋不轨。朱棣见事已紧迫，起事的准备又未就绪，就想出了一条缓兵之计：装疯。

朱棣披散着头发，在街道上奔跑发狂，大喊大叫，不知所云。有时在街头上夺取别人的食物，狼吞虎咽，有时又昏沉沉地躺在街边的沟渠之中，数日不起。张昺、谢贵听说朱棣病了，就前往探视。当时正值盛夏时节,烈日炎炎,酷热难耐,但见燕王府内摆着一座火炉烈火熊熊,朱棣坐在旁边,身穿羊羔皮袄,还冻得瑟瑟发抖,连声呼冷。两人与他交谈时,朱棣更是满口胡言,让人不知所以。张、谢二人见状,相互对视了一下,就告辞了。

张昺和谢贵把这些情况暗暗地报告给了朝廷,建文帝有些相信,便不再成天琢磨着该怎样对付燕国了。但朱棣的长史葛诚与张、谢二人关系极好,告诉他们燕王是装疯,要小心在意,张、谢二人还不大相信。

过了许久,燕王派一个叫邓庸的百户到朝廷去汇报一些事情,大臣齐泰便把他抓了起来,严加拷问,邓庸熬不住酷刑,就把朱棣谋反的事从头至尾说了一遍,建文帝知道后大惊,便立即发符遣使,去逮捕燕王的官吏,并密令张、谢二人设法图燕,再命原为朱棣亲信的北平都指挥张信设法逮捕朱棣。

张信犹豫不决,回家告诉母亲,母亲说:"万万不可,我听说燕王应当据有天下,王者不死,难道是你一人所解逮捕的吗?"张信便不再想法逮捕朱棣,可朝廷的密旨又到了,催他行事,张信举棋不定,就来见朱棣,想看个究竟。

但朱棣托病不见,三请三辞,张信无奈,就便服前往,说有秘事求见,朱棣才召见了他。进了燕王府,但见朱棣躺在床上,他就拜倒在床下。朱棣以手指口,呵呵而言,不知所云。张信便说:"殿下不必如此,有事尽可以告诉我。"

朱棣问道:"你说什么?"张信说:"臣有心归服殿下,殿下却瞒着我,令臣不解。我实话告诉你,朝廷密旨让我逮你入京。如果你确实有病,我就把你逮送入京,皇上也不会把你怎么样;如果你是无病装病,还要及早打算。"

朱棣听了此话,猛然起床下拜道:"恩张恩张!生我一家,全仗足下。"张信见朱棣果然是装病,大喜过望,便密与商议。朱棣又召来道衍、王拱等人,一同谋划,觉得事不宜迟,可以起事了。这时,天忽然刮

起了大风，下起了暴雨，殿檐上的一片瓦被吹落下来，朱棣显得很不高兴。道衍进言说："这是上天示瑞，殿下为何不高兴呢?"朱棣谩骂道："秃奴纯系胡说，疾风暴雨，还说是祥瑞吗?"道衍笑道："飞龙在天，哪得不有风雨？檐瓦交堕，就是将易黄屋的预兆，为什么说不祥呢?"朱棣听了，转怒为喜。

于是，朱棣设计杀死了张、谢贵两人，冲散了指挥使彭二的军马，安定了北平城，改用洪武三十二年年号，部署官吏，建制法令，公然造反了。经过三年的反复苦战，朱棣终于打败了建文帝，登上皇位，并迁都北平，成为中国历史上较有作为的皇帝。

成大事者历来讲究时运，时运不来，那就是虎落平阳被犬欺，龙困浅滩遭虾戏，一旦时来运转，那就是虎入深山，龙腾九霄了。但是，成大事者又不一味地等待时运到来，而是积极地创造条件，促成时运的到来或是做好迎接时运的准备。因此，守株待兔的方法历来就是被成大事者所嘲笑的，因为那是一种完全被动的，把命运交给偶然机遇的愚者的方法。

凡成大事者均善于在艰苦的环境中寻找机会求得发展，用句成语说，大概就是"坚忍不拔"的意思，上面提到的装疯、装病、装傻以求生存发展的例子就是很好的说明。虽然这样一来少了一些壮美和超越的色彩，但对于"成大事者"来说，却很有实用价值。

这是什么"实用价值呢"？也就是说，机会只会给有准备的人，成大事的一定是那些善于自我保护的人！糊涂成大事的道理也便在此。糊涂不是真糊涂，而是假糊涂，糊涂是为了成大事。

【点　评】

自古有"识时务者为俊杰"，欲成大事者一定要懂得以屈求伸的策略，该"傻"时"傻"，该"疯"时"疯"，假"糊涂"真做事。

十五、可废一时不可废一世

无论是自然凶还是人类社会，都具有“弱肉强食，适者生存”的基本特征。所以，欲成大事者一定能屈能伸，必要时以屈求伸。

战国时期的孙子，是孙武的后代，也是一位大军事家，他著的《孙子兵法》，至今仍然是十分重要的军事经典，他不能说不富于智谋了吧，他为情势所迫，也不得不装疯避祸，而且其艰难程度，后人无一能赶得上。

在三家分晋以后，韩、赵、魏三家中数魏国的势力最强大，魏惠王野心勃勃，也想学秦国收拢人才，找个卫鞅（即商鞅）一类的人物来替他治理国家，于是做出一副求贤若渴的样子，花了许多钱来招致贤士。所谓精诚所至，金石为开，果然来了一位名叫庞涓的人，声称是当世高人鬼谷子的学生，与苏秦、张仪、孙膑是同学。他在魏王面前大吹大擂，说只要自己能当大将，其他国家决不足畏。魏王就信任了他，庞涓当了大将，他的儿子庞英、侄子庞葱、庞茅全部当了将军，“庞家军”倒也确实卖力，训练好兵马就向卫、宋、鲁等国进攻并连打胜仗，弄得三国齐来拜服。东方的大国齐国派兵来攻，也被庞涓打了回去。从此魏王就更信任他了。

庞涓的同学孙膑是大军事家孙武子的后代，他德才兼备，是个少见的人才，尤其是从老师鬼谷子那里得知了祖先孙武子的十三篇兵法，更是智谋非凡。一次，墨子的门生禽滑厘来拜访鬼谷子，见到了孙膑，为他的才德所感动，就想让他下山，帮助各国国君守卫城池，减少战争。孙膑说：“我的同学庞涓已下山去了，他当初说，一旦有了出路，就来告诉我的。”禽滑厘说：“听说庞涓已在魏国做了大官，不知为什么

没写信给你，等我到了魏国，替你打听一下。”

墨子在当时是个极为著名的人物，他不仅坚决反对战争，还有很多弟子，都是技能超人而又坚决反战的人，因此，墨子在当时的影响很大，他曾凭着自己的一张嘴吓得强大的楚国不敢去进攻宋国，所以，每到一个国家，国君都会把他待为上宾。等禽滑厘到了魏国，他就对魏王说了孙膑和庞涓的事，魏王一听，立即找来庞涓，问他何以不邀孙膑同来。庞涓说：“孙膑是齐国人，我们如今正与齐国为敌，他若来了，也要先为齐国打算，所以没有写信让他来。”魏王说：“如此说来，外国人就不能用了吗？”庞涓无奈，只得写信让孙膑前来。

孙膑来到魏国，一谈之下，魏王就知道孙膑才能极大，想拜他做副军师，协助军师庞涓行事。庞涓听了忙说：“孙膑是我的兄长，才能又比我强，岂可在我的手下。不如先让他做个客卿，等他立了功，我再让位于他。”在当时，客卿没有实权，却比臣下的地位高，孙膑还以为庞涓一片真心，对他十分感激。

庞涓原以为孙膑一家人都在齐国，孙膑不会在魏国久留，就试探着问他：“你怎么不把家里人接来同住呢？”孙膑说：“家里的人都被齐君害死了，剩下的几个也已被冲散，不知何处寻找，哪里还能接来呢？”庞涓一听傻了眼，如果孙膑真在魏国待下去，自己的位置可真要让给他了。

半年以后，一个齐国人捎来了孙膑的家书，大意是哥哥让他回去，齐国也想重振国威，希望孙家的人能在齐国团聚。孙膑对来人说：“我已在魏国做了客卿，不能随便就走。”并写了一封信，让他带回去交给哥哥。

孙膑的回信竟被魏国人搜出来交给了魏王，魏王便找来庞涓说：“孙膑想念齐国，怎么办呢？”庞涓见机会来了，就对魏王说：“孙膑是大有才能之人，如果回到了齐国，对魏国十分不利。我先去劝劝他，如果他愿意留在魏国，那就罢了。如果不愿意，他是我荐举来的人，那就交给我处理罢。”魏王答应了。

庞涓当然没有劝孙膑。他对孙膑说："听说你收到了一封家信，怎么不回去看看呢？"孙膑说："是哥哥让我回去看看的，我觉得不妥，没有回去。"庞涓说："你离家多年了，一直和家人没有联系，如今哥哥找到了你，你应当回去看看，见见亲人，再给先人上上坟，然后再回来，岂不是两全其美吗？"孙膑怕魏王不同意，庞涓一力承揽，孙膑十分感激。

第二天，孙膑就向魏王请两个月的假，魏王一听他要回去，就说他私通齐国，立刻把他押到庞涓那里审问，庞涓故作惊讶，先放了孙膑，再跑去向魏王求情。过了许久，才又神色慌张地跑回来说："大王发怒，一定要杀了你，经我再三恳求，大王总算给了点面子，保住了你的性命，但必须处以黥刑（在脸上刻字，使之留下永久标记）和膑刑（剔掉膝盖骨使之不能走路逃跑）。孙膑听了，虽非常愤怒，但觉得庞涓为自己出力，还是十分感激他。

孙膑脸上被刺了字又被剔去了膝盖骨，从此只能爬着走路，成了终身残废。

庞涓对孙膑的生活倒是照顾很周到，使孙膑觉得靠庞涓生活，就得报答他。有一天，孙膑主动提出要替庞涓做点什么，庞涓说："你那祖传的十三篇兵法，能不能写下来，咱们共同琢磨，也好流传后世。"孙膑想了想，只好答应了，孙膑只能躺在那里用刀往竹简上一个字一个字地刻，他虽背得滚瓜烂熟，但若想写下来，却不容易，再加上孙膑对受刑极为愤慨，所以每天只能刻十几个字。这样一来，庞涓沉不住气，就让手下一个叫诚儿的小厮催孙膑快写。诚儿见孙膑可怜，便不解地问服侍孙膑的人说："庞军师为什么死命地催孙先生快写兵法呢？"那人说："这还不明白，庞军师留下孙先生的一条命，就是为了让他写兵法，等写完兵法，孙先生也就没命了。"

孙膑听到了这话，大吃一惊，前后一想，恍然大悟，霎时间大叫一声，昏了过去。等别人把他弄醒时，他已经疯了。只见孙膑捶胸拔发，两眼呆滞，一忽儿把东西推倒，一忽儿又把写好的兵法扔到火里，还把地下的脏东西往嘴里塞。从人连忙奔告庞涓说：孙先生疯了！"

庞涓急忙来看，只见孙膑一会伏地大笑，一会又仰面大哭，庞涓叫他，他就冲庞涓一个劲地叩头，连叫：“鬼谷老师救命！鬼谷老师救命！”庞涓见他神志不清，但怀疑他是装疯就把他关在猪圈里，孙膑依然哭笑无常，累了就爬在猪圈中呼呼大睡。过了许久，还是如此，庞涓仍不放心，就派人前去探测。一天，送饭人端来了酒菜，低声对他说：“我知道你蒙受了奇耻大辱，我现瞒着军师，送些酒菜来，有机会我设法救你。”说完还流下了泪水。孙膑显出一副莫名其妙的样子说：“谁吃你的烂东西，我自己做的好吃多了！”一边说，一边把酒菜倒在地下，随抓起一把猪粪，塞进嘴里。

那人回报了庞涓，庞涓心想，孙膑受刑之后气恼不过，可能是真的疯了。从此，他只是派人监视孙膑，不再过问。

孙疯子白天躺在街上，晚上就又爬回猪圈，有时街上的人给他点吃的，他就哈哈而笑，而又嘟嘟囔囔，也听不清他说些什么。这样久了，魏国的都城内外都知道有个孙疯子，没有人怀疑他了。庞涓每天都听人汇报，觉得孙膑再也无法同自己竞争了，就没再动杀他的念头。孙膑活了下来。

有一天夜里，有个衣着破烂的人坐在他的身边，过了一会，那人揪揪他的衣服，轻声对他说：“我是禽滑里，先生还认得我吗？”孙膑大吃一惊，经过仔细辨认，确认是禽滑里，便泪如雨下，激动地说：“我自以为早晚要死在这里了，没想到今天还能见到你。你得小心，庞涓天天派人看着我。”禽滑里说：“我已经把你的冤屈告诉了齐王，齐王让淳于髡来魏国聘问，我们全都安排好了，你藏在淳于髡的车里离开齐国，我让人先装成你的样子在这里呆两天，等你们出了魏国，我再逃走。”

禽滑里把孙膑的衣服脱下来，给他手下的一个相貌与孙膑相近的人穿上，躺在那里装作孙膑，禽滑里就把孙膑藏到车上。

第二天，魏王叫庞涓护送齐国的使者谆于髡出境，过了两天，躺在街上的孙疯子忽然不见了，庞涓让人查找，井里河里找遍了，也未见踪影，庞涓又怕魏王追问，就撒个谎说孙膑淹死了。

孙膑到了齐国，齐威王一见之下，如获至宝，当即想拜他为军师，孙膑说：“庞涓如知道我在齐国，定会嫉妒，不如等有用得着我的时候再出面不迟。”齐王同意了。后来，孙膑陆续打听到了自己的几位堂哥都已无音讯，才知道原来送信的人也是庞涓派人装的。前前后后，这一场冤屈全由庞涓一人导演而成。

后来，孙膑带兵连败宋、鲁、卫、赵等国，齐王派田忌为大将，孙膑为军师，使庞涓连连败北，最后，孙膑用“减灶法”引诱庞涓来追，暗设伏兵，将庞涓射死在马陵道上。魏国从此衰败，并向齐国进贡朝贺。在杀死庞涓后，孙膑便辞官归隐，专门研究起兵法来。

孙膑的装疯避祸在中国历史上具有极大的典型性，一是装疯之彻底、之艰难，二是装疯之事由，三是装疯之结果，至今想来犹令人唏嘘不已。

【点　评】

天下凡欲成大事者，孙膑之精神不可不学。

十六、假糊涂真聪明

台湾帮企业集团的领导人吴三连信奉的是“难得糊涂”的哲学。他说，“做人难得糊涂，过分地精打细算，有时仍抵不过天算。钱四脚，人两脚，钱来找人才行，人去找钱就难了。”

他之所以能说出这一番道理，是有一段典故的。吴三连年轻时赴日本商科大学读书。毕业后在报馆当记者，因感到租房子的不便，就决心要买一栋房屋。第一次存满一笔钱（刚够买一栋房子），不料太太生病，这笔钱只好移去用作医药费，钱花光了，太太的病也好了；第二次又存了一笔钱，可天有不测风云，因小孩子突然生病，只好用这笔钱

来给小孩子治病消灾；第三次再存了一笔钱，可又万万没有想到一位友人急需要借一笔钱交保险，否则要坐牢，只好又把这笔钱借给朋友急用。从此，他就不再刻意去追逐财富了。

吴三连又说："做人要假糊涂，真聪明。"那么，什么是假糊涂呢？他认为，假如有部属兴冲冲地向你提供意见时，千万不可只听了一半，就自作聪明的地说："这个构想我早就知道了，你不用再讲了"。因为这样一来就会阻碍部属参与表现的机会，想提建议的人也从此不愿意再提了。所以，即使早已知道部属想提什么建议和意见，也要假装糊涂很耐心地听完部属的建议，做到知无不言，言无不尽。这么一来，部属才会踊跃多言，许多有价值的构想才会源源不断地贡献出来。细细地品味吴梅村与吴三连的"难得糊涂"，可能你会发现，这里面有很深的哲理。

吴三连所说的，"做人要假糊涂，真聪明"，可以说是揭示了"难得糊涂"哲学的真谛。从中国历史上来看，假糊涂，真聪明的不乏其人。

东汉明帝刘庄的侄儿刘睦就是故作糊涂的人。他从小好学上进，读了许多书，喜欢结交有学问、有道德的儒士，与那些只知道吃喝玩乐的公子哥儿志趣不同。有一年年底，他派一名官员去洛阳朝贺，临行前，北海敬王刘睦问前去朝贺的官员说："皇帝如果问起我的情况，你怎样回答？"这位官员回答说："你忠孝慈仁，礼贤下士，深得百姓爱戴。臣虽然不才，怎敢不把这些如实禀告。"

刘睦听后，连连摇头说："你如果这样禀告，就把我给害了！"这位官员不解地问："您为什么这样说呢？"刘睦说："你所说的是我以前的情况。我现在的心境已经有了很大的变化。你见了皇帝后，就说我自从承袭王爵以来，意志衰退，行动懒散，每天除了在王宫与嫔妃饮酒作乐，就是外出狩猎游玩，对正业毫不在意。"

刘睦为什么要说这一番假装糊涂的话呢？是事出有因的。因为在当时，宗室中凡是有些志向或者广交朋友的，都容易受到朝廷的猜忌，弄不好就会招来杀身之祸。所以在这种情况下，真正聪明的刘睦

不得不故作糊涂人，教人说出那番话，实际上是一条假痴不癫，明哲保身之计。

人称七贤之一的刘伶，也是一个善于假装糊涂，真聪明的人。刘伶之所以要做假糊涂人，是因为他要有所遮饰。自东汉党锢之祸以来，党同伐异，动辄杀人，已是家常便饭，刘伶不傻，当然看得明明白白。正当司马氏倡导儒学时，刘伶却倾慕玄风，大讲无为之化，又同阮籍、嵇康一见如故，"携手入林"。用现在的话说，就是思想上既不能保持一致，组织上又有敌对之嫌，当然就十分可疑，不堪重用了。刘伶心里明白，便不能不事事小心，处处提防。(《晋书》)刘伶传说他"澹默少言，不妄交游"，正是他谨慎小心的表现。他不惜意于文翰，多半也是怕被人抓住了把柄。如果再装出一副终日纵酒、胸无大志的模样，便更不致引起对手的嫉恨。韬光养晦，此之谓也。

刘伶为了避免遭杀身之祸，假做糊涂人很富于戏剧性：他在家中喝酒，全身脱得精光。有人看到，觉得不成体统。他却说："我以天地为房舍，以房舍为衣裤，你们干吗要钻到我裤裆里来呢？"

他驾鹿车出门——那时牛车、羊车、鹿车都有，并非独有马车——带着一壶酒，又叫仆人拿把铲子在后面跟着，并对他说："我要是醉死了，你就掘个坑把我埋了拉倒。"宋代辛稼轩词"醉后何妨死便埋"便是用的此典。刘伶喝醉了酒，他也会同人争吵。及至那人急了，真要揍他，他却和颜悦色、指着胸脯向人道："这几根鸡骨头，哪当得起您老的拳头。"逗得那人一笑而罢。刘伶的妻子堪称贤德，可是她也未能真正弄懂刘伶喝酒醉糊涂的本意。刘伶的妻子也像一般人家的妻子一样，把照顾丈夫的身体看得比照顾丈夫的心理重要得多。因此，她也像一般人家的太太一样，把酒都藏了起来，不给刘伶喝。刘伶犯了酒瘾，只好去恳求太太给他喝一点。于是急得刘伶的妻子大大发作了一番，把酒壶酒杯统统一起砸了。十分伤心地哭着道："按说，你早该把酒戒了！"刘伶和颜悦色地安慰太太道："您说得对啊，我是早该把酒戒了。不过，你也知道，我缺少自制能力，只有在鬼神前立下誓言，才能真正

戒得。你且去准备酒肉吧。”一席话把刘太太哄得心花怒放，飞也般地办下酒肉，供在神像面前，请刘伶立誓。刘伶支开太太，跪下祷祝，祷辞是：“天生一个刘伶，老酒当作性命。一饮便是一斛，再喝五斗酒醒。妇道人家的话，千万不可去听。”祷祝过后，便喝酒叉肉，吃喝起来。待到刘太太进屋，刘伶早已醉倒在地了。许多人因为刘伶这些轶事，说他忘情肆志，悠悠荡荡，无所用心，好像真是一个对人间万事全不系怀，遗世独立的逸士高人。其实，刘伶完全是为了得个善终，才假做糊涂人而天天喝得酩酊大醉的。

明代洪应明所著《菜根谭》中说：“大聪明的人，小事必朦胧；大懵懂的人，小事必伺察。盖伺察乃懵懂之根，而朦胧正聪明之窟也。”意思是说，大聪明的人，对小事必模糊不清；太糊涂人，对小事必定会仔细观察。对小事观察人微乃是糊涂的根源，而对小事模糊不清则正是产生大聪明的根本所在。同样，要想在商界中成大事，闯出一片属于自己的天地。更需要小事糊涂，大事明白的精神。

据世界智谋故事中介绍，在距今很久很久之前，有两个弟兄，各置办了一些货物，计划好后想出远门去做生意。他们不辞辛苦远道而来到一个国家，这个国家的人都不穿衣服，世人称作“裸人国”。

小事糊涂，大事聪明的弟弟盘算着如何才能把生意做成，赚大钱，而对这个国家的风俗习惯却感到与自己国度不一样，应该怎么办呢？他本着小事糊涂，大事聪明的原则同哥哥商量说：“这儿与我国的风俗完全不同，要想在这儿做好买卖，实在不易啊！不过俗话说：入乡随俗。只要我们小心谨慎，讲话谦虚，照着他们的风俗习惯办事，想必问题不大。”哥哥听了之后自作聪明地说：“无论到什么地方，礼仪不可不讲，德行不可不求。难道我们也光着身子与他们往来吗？这可太伤风败俗了。”弟弟接着据理力争说：“古代不少贤人，虽然形体上有了变化，但行为却十分正直。所谓‘殒身不陨行’，这也是戒律所允许的。”哥哥就是不听弟弟的劝说，固执己见。裸人国的风俗，每月正月初一、十五的晚上，大家用麻油擦头，用白土在身上画上各种图案，戴上各种

装饰品，敲击着石头，男男女女手拉着手，唱歌跳舞。弟弟也学着他们的样子，与他们一起欢歌漫舞。裸人国的人，不论是国王，还是普通百姓都十分喜欢弟弟，关系非常融洽。国王把他带去的货物全部买下来了，并付给他十倍的价钱。

而他的哥哥来到裸人国之后，看到弟弟按当地风俗习惯行事，生气地说："不做人，要照着畜生的样子行事，这难道是君子应该做的吗？我绝不能像弟弟那样做。"不仅如此，而且满口仁义道德，指责裸人国的人这也不对，那也不是。引起国王及人民的愤怒，大家抓住了他，狠揍了一顿，全部财物都被抢走了。全亏了弟弟说情才把他放了。这说明了欲在商海中成大事者还是小事糊涂，大事聪明为妙。

【点　评】

难得糊涂是做人的一大境界，假糊涂真聪明才是能成大事之人。

潜规则五：洞察人心 攻“心”为上成大事

“好风凭借力”，成大事者善于借助外力定如顺风行船，可轻松到达目的地。现代社会早已不是单枪匹马闯天下的时代了，这个时代需要你从了解别人的内心入手，捷足先登，以最快的速度实现自己的目标。虽然人心难测，但是只要你善于察言观色，做“有心”之人，洞悉别人的心理，掌握别人的所思所想并不难，更重要的是可借助此招，实施攻“心”战术，先入为主，进而为成就大事打下坚实的基础。

一、求人办事攻心法

攻心为主的谋略，其含义就是说，你不但需要了解对方的内心，而且要在这个基础上使对方打心眼里服你、信你，甘心替你效劳。求人的时候如果做到了这一步，绝不是简单的事情。

曹操利用徐庶孝敬母亲的弱点，想办法把徐庶弄到自己的身旁。但是他没有赢得徐庶的心，得到的仅仅是对他一言不发的"废才"。

刘备三顾茅庐，都遭到了诸葛亮的怠慢。其实，诸葛亮想以此考察一下刘备有没有招贤纳士的诚意和虚怀若谷的品德。

当刘备谦恭的品德打动了诸葛亮的心以后，"卧龙"先生高兴地接受了刘备的邀请，出山辅佐他建功立国。

以上两则古代用人的轶事，从正反两个方面解释了攻心谋略在办事中所起到的作用。

运用攻心策略最重要的是把话说到"点"子上，点子就是对方的心坎。把话说到点子上即是把话说到对方的心坎里。

一个欲成大事者必善于洞察人心，将对方爱听的话说到点子上，最终会借力升天。

小强刚刚大学毕业步入工作岗位，他认识一些学术界的知名人士，并且经常获得他们的指点。谈起他们的相识，就是因为赞美运用得当。有许多人都拜访过这些名家，可是常常谈不了几句就无话可说，很快被"扫地出门"，而他却成了大师们的座上客，里面自有奥秘。作为想在学术领域有所建树的小强，无疑非常仰慕这些大师，他知道拜访大师们不容易，在每次拜访一位第一次见面的专家时，他先把专家的专著或者特长认真研究一番，并且写下了自己的心得。见面以

后，先赞扬专家的专著或者学术成果，并且提出自己的一番想法。因为他谈的就是大师一生从事的领域，激起了大师的兴趣，从而有了共同语言。在谈话中，小强又提出自己不理解的地方，请大师指点迷津，在兴奋之际大师无疑欣然赐教，于是小强不仅取得了结交的目的，而且增长了很多见识，并且解决了心里存在的疑问，真是一举多得呀！

在这个例子里，小强之所以达到了自己的目的在于他有求于人的时候洞悉人心，运用了请教式赞语。他所请教的，就是大师引以为傲的，并且最感兴趣的，无疑使大师高兴，使其心理获得了满足，这时，小强的问题也就不是问题了。无疑，在这个例子里，仅仅是生活中的一个方面，若运用得当，在生活的每个方面，都可以行得通。

【点　评】

要成大事，必善借外力，善借外力必懂攻心谋略。此及成大事的铁律。

二、借力成事找捷径

要成就一番大事，单单靠一个人的努力是远远不够的，还要借助外力达到自己的目标。做事免不了要与人交往，与人交往中，若能看穿别的心理，把握别人的所思所想，要成就一番事业也不是太难的事。

你知道对方在想什么，需要什么，或者对方是个什么样的人吗？其实看穿别人的心，说难也不难。再高明的人，也会在不知不觉中把自己的内心世界暴露出来，只不过暴露的程度、方式有所不同罢了。因此，你应当学会利用自己的眼睛和大脑，通过观察、分析形形色色的表象，抓住问题的实质，为成就大事打好坚实的基础。

下面介绍几种在第一次见面时如何看穿别人心灵的方法。

(1)看似简单的招呼其实不简单

即使是一个看似简单的打招呼,也能给你制造了解对方内心的机会。你可以看看,以下列举的外在表现与所分析的内心世界是否一致。当然这种分析总会有一些例外,但大体上应该是准确的。

一面注视对方,一面行礼的人,对对方怀有警戒之心,同时也怀有想占尽优势的欲望。

①凡是不敢抬头仰视对方的人,大部分都是内心怀有自卑感的。

②使劲儿向对方握手的人,具有主动的性格和信心。

③握手的时候,无力地握住对方的手,表示他有气无力,是性格脆弱的人。

④握手的时候,手掌心冒汗的人,大多数是由于情绪激动,内心失去平衡。

⑤握手的时候,如果目不转睛地注视着对方,其目的要使对方在心理上屈居下风。

⑥虽然不是初次见面,但始终都用老套的话向人打招呼或问候。这种人具有自我防卫的心理。

(2)变化万千的眼睛窥出千变万化的心灵

①初次见面的时候,首先将视线朝左右瞄射者,表示他已经占据优势。

②有些人一旦被别人注视的时候,会忽然将视线躲开。这些人大体上都怀有自卑感,或有相形见绌的感受。

③抬起眼皮仰视对方的人,无疑是怀有尊敬或信赖对方的意思。

④将视线落下来看着对方,乃表示他有意对对方保持自己的威严。

⑤无法将视线集中于对方身上,很快地收回自己的视线的人,大多属于内向性格者。

⑥视线朝左右活动得很厉害,这表示他还在展开频繁的思考活动。

(3)一举一动的秘密

人的一举一动，特别是下意识的形体动作，也能向你泄密：

①交臂的姿势表示保护自己的意思，同样地，这种动作也能表示可以随时反击的意思。

②举手敲敲自己的脑袋或用手摸着头顶，即表示正在思考的意思。

③摸头的手震动得很厉害，即表示全心全力在思考的情况。

④用双手支撑着下腭，大多数的情况都表示正在茫然地思考中。

⑤用拳头击手掌或者把手指折曲得咔咔作响，就表示要威吓对方，而不是在进行思考的活动。

(4)不同癖性，不同性格

①搔弄头发的癖习，是一种神经质。凡是涉及有关自己的事情时，他们马上会显得特别敏感。

一面说话，一面拉着头发的女性，大体上是很任性的女人。

②说话时常常用手掩住自己嘴巴的女人，是有意要吸引对方。

③拿手托腮成癖的人，即表示要掩盖自己的弱点。

④不断摇晃身体，乃是焦灼的表现，这是为了要解除紧张而表现出来的动作。

⑤双足不断交叉后分开，这种癖习表示不稳定。如果女性具有这一癖习时，就表示她对某位男性怀有强烈的关心之意。

【点　评】

虽然没有两个人是相同的，没有两个人彼此是透明的，但是你却可以通过以上方式初步了解对方进而认识对方，如此对自己以后成事必有助益。

三、借溺爱之心，让他难以拒绝

第二次世界大战时，利维在美国经营一家影片进出口公司。

有一次，利维到英国去洽谈生意，伦敦的一家公司邀请他去看该公司正在研制的一种电视试播，也就是今天的闭路电视。利维一下子对这种只要自己喜欢看的节目便可随心所欲地放映的设备产生了极大的兴趣，于是着手组织班子来研究闭路电视。

利维的新产品研制小组有三位主要专家，其中有一位叫弗兰克，他脾气很怪，性情暴躁，动辄和别人争吵，他几乎和研制组的上上下下都吵遍了，连利维也不例外。

可自从发生一件小事后，他对利维感激不已，言听计从了。

一天，为了一个实验问题，弗兰克同研制组的另一位助手争执不下。他大动肝火，又拍桌子又摔东西，利维过去劝阻也被弗兰克大骂了一顿。正在他们闹得不可开交时，弗兰克的小女儿走进了实验室。小女儿看见她爸爸那副怒发冲冠的样子，吓得哭了起来。

弗兰克见状再也顾不上同别人吵架，赶忙跑过去，赔着笑脸哄逗她。

看到这一情景，利维心里猛地一亮，发现弗兰克虽然看谁都不顺眼，但对留在他身边的小女儿却是百依百顺，视为掌上明珠，不难看出这小女儿是他的主要精神寄托。

为了使弗兰克有充实的精神生活，利维立刻在公司附近为他租了一幢非常漂亮的房子，好让他经常和女儿生活在一起。

本来，利维手头的资金十分紧张，在这种情况下，还为弗兰克租房，使弗兰克心里很是过意不去。因此，尽管利维再三动员他搬进新居,但他坚持不搬。

利维说:"搬不搬家,恐怕由不得你了。"

"什么?"弗兰克提高了嗓门,"我自己不愿搬,你还敢强迫我不成?"

"我当然不敢逼你,不过,你的千金安妮已替你做主了。"利维继续说,"她说你心境不好,容易发脾气,这会伤身的。如果她能住在附近照顾你,你就不会发脾气了。起初,我也拿不定主意,可是安妮最后还说:'我爸爸多可怜呀,我不能让他再忍受孤独了。'"

听完了这番话,弗兰克的眼里充满了泪水,他最终顺从了利维的安排,搬进了新居。

利维运用洞察对方心理的方法终于使弗兰克搬进了新居,这为他以后更好地利用弗兰克打下了基础。在本例中,利维针对父母对子女的溺爱心理,发动攻势,从而达到了自己的目的。

利维为弗兰克租房,虽然破费了不少金钱,可这件事所产生的影响远远不是这点金钱所能比拟的。利维在资金状况窘困的时刻,仍然把弗兰克的生活快乐看得比金钱更重要,这就不能不使弗兰克感恩戴德,甘为利维所利用。

这样利维做事不是离成功更近一步了吗?

抓住家长溺爱孩子的心理,向"小皇帝"、"小公主"献殷勤,做事可收到事半功倍的效果。人常说:要讨母亲的欢心,莫过于赞扬她的孩子。一些乖巧的人常常利用孩子在求人过程中充当沟通的媒介,一桩看似希望渺茫的事,经过对孩子的赞扬和献殷勤,反倒迎刃而解。由此可见,洞察人心借助外力在成大事道路上的作用实在不容忽视。

【点　评】

天下的父母心都是相同的,他们对孩子的爱是世界上最深厚的感情。若你能抓住对方这一心里,借助此力可成大事。

四、察言观色，从对方的体态语言入手

成大事之人必是一个交际高手，他们在与人交谈时，擅长洞悉对方心理，这是成大事的又一高明手段。

如果你能获得与对方交谈的机会，那么你也就同时获得了进一步了解他的机会了。下面是几种了解对方的办法。

(1)不同坐姿反映不同心理

人在交谈时的坐姿往往不自觉地暴露内心。请看下例：

·互相侵入对方身体领域的程度愈大，这就愈表示两人之间的关系愈亲密。

·意识上将身体领域向外扩展的人，即表示他对对方有心理上的抵抗感。

·虽然无意识入侵别人的身体领域，但若单方面侵入对方的身体领域，这种人有意威迫对方或想巴结对方。

·坐在旁边比坐在对面的人，在其心理上具有倾向对方的一体感。

·坐在正对面的人，远比坐在旁边的人更希望对方了解自己。

·一面坐在旁边，一面又急着将身体前倾，想要看清对方的正面，这种人对于对方怀有疑虑和新的关心。

·坐在房间的最里边，注视着房门的入口处，这种人的权力意识很强，但也有小心谨慎之意。

·坐在背向居室入口处的人，在心理上屈居劣势。

在椅子上深坐的人，在心理上占了优势，甚至念念不忘要居高临下。

·在椅子上浅坐的人，有意表示恭顺，但在无意识之间，却想表示自己对于对方的话很感兴趣。

·坐在椅子上立刻跷起二郎腿的人，内心怀有不输给对方的对抗意识。

·坐在椅子上跷起腿的女性，有意吸引男人关心自己的容貌。

(2)不同话语反映不同兴趣

交谈时，双方所关注的话题，则更能反映他的兴致所在。请看：

·有些人的话题太偏重自己、家庭或职业的事情，是一种自我意识的倾向，也是自我中心主义者。

·有些人非常想要探听对方的真相，这是有意了解对方的缺点，期待能进一步控制对方的意思。

·有些人对于别人的消息传闻特别感兴趣，这种人很难获得真正友谊。所以，他内心非常孤独。

·有些人会愤愤不平地埋怨待遇低微，其实，有很多人因为对工作不热心，才会将这种内心的动机转化在待遇低微的借口上。

·有些人不断谴责上司的过错和无能，事实上是表示他自己想要出人头地的意思。

·有人借着开玩笑，而常常破口大骂或者指桑骂槐，这是有意将积压内心的不满设法爆发出来。

·喜欢在年轻人或部属面前自吹自擂的人，是不能适应职务或者赶不上时代潮流的表现。

·有人根本忽视别人的谈话，而喜欢扯出与主题毫不相干的话题，这种人怀有极强的支配欲与自我显示欲。

·有人一直谈论一个话题，而不喜欢别人来插话，这表示他讨厌自己屈居在别人的控制之下。

·有人把话题扯得很离谱，或者不断改变话题，这是表示他的思考不够集中以及不懂得逻辑性的整理方式。

·有人不愿抛出自己的话题，反而努力讨论对方的话题，这种人怀有宽容的精神，而且颇能为对方着想，不失为坦荡荡真君子。

(3)不同说话方式反映不同的性格

除了话题，说话的方式也是你观察对方内心的工具。请看：

·有人说话的速度忽然比平常缓慢，那就表示对对方怀有不满或敌意的意思。

·说话的速度忽然比平时加快，那就表示对方有弱点存在，或者表示说话的内容不确实。

·凡平时沉默寡言的人，忽然变得能言善辩，那就表示他内心含有一种想被人知道的秘密。

·说话声调很高昂的人，表示他自己任性的性格。

·有人说话的抑扬程度非常激烈，大部分属于自我显示欲很旺盛的人。

·说话很有决断的人，对于谈论的内容满怀坚定的信心。

·无缘无故小声说话的人，主要是对于事情缺乏信心，大部分都带有女人的性格。

·希望把一种话题拉得很远，故意说个没完，这是害怕别人提出反驳的证据。

·有意立刻得出结论来的人，也是害怕别人提出反对的表示。

·有人不断把视线脱离说话者，这表示对于话题已感到厌烦了。

·反复探询对方所说的话意，这是很有耐心，而且也是好奇心很旺盛的人。

·一面仔细倾听，一面点头称是，这是认真听话的证据。

·一面听话，一面点头，但不把视线集中于说话者的身上，那就表示他对于话题不发生共鸣。

·表示太多不必要的点头，或者胡乱答话的女人，大部分对对方谈话的内容都不太明白。

【点　评】

了解了这些，就能比较全面地洞悉对方各方面的情况，以使他帮你成大事作好铺垫。

五、知人善用

作为一个领导者要成大事必离不开下属的鼎力相助，故领导者一定要懂得“知人善用”的道理。知人难从哪里显示出来？这里给你一双慧眼。人才有多种多样，是不容易鉴别的，用语言也表达不尽。有博学的人才，有宏通的人才，有开创的人才，有守业的人才，有俊发的人才，有雅懿的人才，有刚直的人才，有运筹帷幄的人才，有勇悍的人才，有涵容的人才，有豪侠的人才，有雄辩的人才，有木讷的人才，有果断的人才，有智巧的人才，有俊杰的人才，有清逸的人才，有恬静的人才，有躁锐的人才，有持重的人才，有诚实的人才，有远略的人才。形形色色的人才，审视他，详察他，明辨他，而后慎用他，这样就不会有所遗漏了。

视其所以，观其所由，察其所安，心是外貌的根本，审心而善恶自现。行为是由心所产生，观察行动而祸福就知道了。这确实是由心术而观察人的行动，由行动而得出心术的独家法门。

他之所以得到赏识，或出于杯酒谈笑之间，或是看到他丰韵神意的状态，或者是生平没见过一面，突然觉察到他的行动而得到的。

必须看到他的正面，又要看到他的反面，才能了解他的心；必须看到他的外表，又要看到他的内心，才能了解他的意；必须看到他亲近什么人，又要看到他疏远什么人，才能知道他的情。

追究他的回答，以观察他的变化；与他论政治、军事等方面的事，就可以看出他的德行；给他财物，来观察他是否廉洁，告诉他困难，来观察他的勇气；人证齐备，就能分别出贤与不肖。

富的时候看他是否犯法，贵的时候看他是否骄傲，委以重任看他

是否忠实完成，处理问题时看他是否隐瞒欺骗，危险时看他是否临危不惧，他从事复杂工作时是否被难不住。富的时候没有犯法，是仁；贵的时候没有骄傲，是义；委以重任能不折不扣地完成，是忠；处理问题不隐瞒欺骗，是信；危险的时候不恐惧，是勇；做事时不能难住，是智慧。这是姜太公论知人的方法，这是知人最好的方法。

知人的方法有七种，问他的是非，而观察他的心志；追问他的辩词，而观察他的变化；询问他的计谋，而看他的忠诚：告诉他的祸难，而看他的勇气；以酒醉他，而看他的性格；让他面对利益，而看他的清廉；看他办事，而看他的能力。这是诸葛亮论知人的方法。

观察他的决定与措施，以明白他的间杂；观察他的感变，以审视他的常度；观察他的志向，了解他对于名声的态度；观察他的缘由，以辩解他的依从；观察他的敬爱，以了解他的通塞；观察他的情机，以辨别他的恕惑；观察他的短处，以知道他的长处；观察他的聪明，以知道他的通达。平静与高傲的气质在于神，明与暗的实处在于精，勇与怯的趋势在于筋，强与弱的主体在于骨，静与躁的决定在于气，悲惨与欢喜的心情在于色，邪与正的心情在于仪。态度的动在于容，缓急的状态在于言。观察他的短处，以知道他的长处，偏向于才的人，都有他们的短处。所以正直的也失去隐私的一面，刚强的也失去严厉的一面，柔和的也会失去急躁的一面，所以说正直的没有隐私，无以成就他的正直，既然喜欢他的正直，不可没有他的隐私，揭发他人隐私的人，是正直的象征。刚强的人不严厉，就不可接济他的刚强，所以不得不严厉。这是刘邵论知人的方法。

【点　评】

练就一双“火眼金睛”发现不同人的不同优点，然后尽用其才成就自己的事业。

六、用人要用长处

如果你是领导层的人物，那么如何用人将能决定你能否成大事。正确的用人方法是：用人要避其短，扬其长，效果方佳，否则只能事倍功半。

不管什么人，在稍有不慎的情况下，是不能保证他不会失言的。何况在政治、社交的场合下，多有激进的言论而误人。有很多领导人物，有些时候在需要的情况下，经常故意散发烟幕弹，用来迷惑世人的耳目。例如袁世凯称帝时，蔡锷将军故意以迷恋名妓为烟幕，从而逃脱了袁世凯掌握的计谋，最后成就了云南起义。

我们不仅要以"听他说话，再观察他的行为"作为求取将来事业上的证明，而且还要观察他的行为，倾听他的言谈，以求证过去的事实，并测度出他在言论上的效果。不能只要抓住了一只角，而一概认为是整条牛。每一个有才能的人，都有他的长处，也有他的短处，如果样样都要求全才用他，那么天下就没有可用的人了。了解人的长短方法，阎循观说得最精辟，他说："了解人有四点：知道人的短处，知道人的长处，知道人短处中的长处，知道人长处中的短处。用人有两点：用人的长处，避开他的短处。教育人有两点：成就他的长处，除去他的短处。"能做到这样，天下可用的人才就不胜枚举。

知人之术，不外乎是：知道人的心性，知道人的气质，知道人的品德，知道人的才学，知道人的好恶，知道人的长短。还要人的环境，人的欲望，人的历史，人的交往。

【点　评】

欲成大事如果能以这"知道十条"为指导原则，并进行周详的考察，必能充分发挥人的积极性、挖掘其价值，为自己的事业注入无穷动力。

七、给人所需获已所要

要借助别人的力量成就大事务必从满足别人的需要出发，结果定能尽人意。

从你来到世界上这一天开始，你所有的每一种举动，出发点都是为了你自己，都是因为你需要些什么。请看一个故事：

每一年的夏天，我都去梅恩钓鱼。以我自己来说，我喜欢吃吃杨梅和奶油，可是我看出由于若干特殊的理由，水里的鱼爱吃小虫。所以当我去钓鱼的时候，我不想我所要的，而想它们所需要的。我不以杨梅或奶油作引子，钓鱼勾扣上一条小虫或是一只蚱蜢，放下水里，向鱼儿说：“你要吃那个吗？”

你为什么不用同样的常识，去“钓”一个人呢？让这个人忠诚地帮你成就大事呢？

为什么我们只谈自己所要的呢？那是孩子气的，不近情理的。当然，你注意你的需要，你永远在注意。但别人对你却漠不关心。要知道，其他的人都像你一样，他们关心的只是他们自己。

世界上唯一能影响对方的方法，就是谈论他所要的，而且还告诉他，如何才能得到它。

明天你要别人替你做些什么时，你要把这句话记住！就作这样一个比喻：如果你不愿意你的孩子吸烟，你不需要教训他，只需告诉他，吸烟可能使他不能参加棒球队或是不能在百码竞赛中获得胜利。

还有值得你所注意的一件事。

例如：有一次，爱默逊和他的儿子要使一头小牛进入牛棚，他们犯了一般人所有的错误，只想到自己所需要的，没有想到那头小牛身上

……爱默逊推，他儿子拉。而那头小牛正跟他们一样，也只想它自己所想的，所以挺起它的腿，坚持拒绝离开那块草地。

旁边那个爱尔兰女佣人看到他们这情景，她虽然不会写书做文章，可是至少在这次，她懂得牛马牲口的感受和习性，她想到这头小牛所需要的是什么。这个女佣人把她的拇指放进小牛的嘴里，让小牛吮吸她的拇指，一面温和的引它进入牛棚。

哈雷·欧弗斯屈脱教授在他一部《影响人类行为》的书中说："行动是由我们基本欲望所产生的……对于未来想要说服人家的人，最好的建议，是无论在商业中、家庭中、学校中、政治中，都要先激起对方某种迫切的需要，若能做到这点就可左右逢源，否则到处碰壁。

明天你要劝说某人去做某件事，在你尚未开口前，不妨自己先问："我如何能使他要做这件事？"

那问题可以阻止我们，在匆忙不小心之下去见人，和毫无结果地谈论我们的欲望。

请再听一个故事：

我租用纽约一家饭店里的大舞厅，每一季需要二十个晚上，是为举行一项演讲研究会。

有一季开始的时候，我突然接到那家饭店的通知，要我付三倍于过去的租金。可是我接到这项消息时，通告已经公布，入场券已经印发。

我自然不愿意付出增加的租金，可是，和饭店谈到我所要的有什么用呢？他们所注意的只是他们所需要的，所以过了两天，我去见那家大饭店的经理。

我向那位经理说："我接到你的信时，感到有点惶恐……当然我不会怪你，如果我们易地而处，我也会写出这样类似的信。你做经理的职司，是如何使这家饭店盈利。若是你不这样做，你就会被撤去这个职务，而且也应该被革职。现在我们拿出一张纸来，写上有关你的利和害……如果你是坚持要加租的话。"

我拿了一张纸，经过纸上的中心点，划出一条线，一端写上"利"，另一端是"害"。

我在"利"的那一行写着："舞厅空着"几个字，然后接着说："你可以自由的出租舞厅，作跳舞诸类聚会之用，那是一项很大的收入。像那种情形，显然你的收入，要比租给一个演讲集会的收入更多。如果我在这一季中，占用了你舞厅二十个晚上；你一定会失去更多的盈利。"

我又说："现在我们来谈谈另一方面……由于我无法接受你的要求，减少了你的收入。在我来讲，因为我不能付出你所需要的租金，不得已只有在别处举行演讲。可是，另外有一项事实，我相信你该想到的。我这个演讲研究会，使上层社会知识分子的群众到你这家饭店来，对你来讲，是不是做了一次成功的广告？事实上，如果你付出五千元的广告费，不会有我研究会演讲班里的那么多人来这家饭店，对你来说更有价值，是不是？"

我说这话时，把这两种情形写在纸上，然后把那张纸交给了经理，又说："这两种情形，希望您仔细考虑一下，当你作最后决定时，给我一个通知。"

第二天，我接到那家饭店一封信，告诉我租金加百分之五十，而不是百分之三百。

请注意，我没有说出有关我要减少租金的只字片语。我所说的，都是对方所要的，和他该如何得到它。

如果我照普通一般人的做法，闯进这位饭店经理的办公室，跟他理论。我可以这样说："我入场券已经印好，通知已经公布，你突然增加我三倍的租金，那是什么意思？百分之三百，太可笑了……不近情理。"

在这种情形下，又会如何呢？争论、辩论就要开始蒸发、沸腾了！结果又如何呢？这位饭店经理相信他自己是错误的，可是由于他的自尊，会使他感到承认他自己的错误很困难。

关于人与人之间建立关系的艺术，这里有一个很好的建议。亨利·福特曾这要说过："如果有一个成功秘诀的话以及借助别人力量帮助自己成就大事的方法，那就是如何得到对方'立场'的能力，由他观点设想，与由你自己的观点一样。"

福特的话，简单说来就是站在别人的立场上，了解别人需要什么，然后给他所需要的，你才能得到你想要的即才能成就大事。

【点　评】

你为什么不像钓鱼一样去"钓"一个人呢？给他所需你才会得到你想要的。

八、肢体语言泄露的秘密

在商场交往中，生意人要想成就一番事业就有必要对他人的言语、表情、手势、动作以及看似不经意的行为有较为敏锐的观察，并从中"挖"出自己所需要的信息来。如果能够从对方的非语言因素，悟到对方的想法和立场，就能在生意谈判中掌握主动权。因此，生意人要成事，肢体语言泄露的秘密将助你一臂之力。

(1)透视说话的动作

一个人的动作和手势，都可以起到加强语言的功用。动作能够表达出一个人的焦虑、兴奋、紧张及其他种种情绪，例如：男性如果在说话时手舞足蹈，显示他有些放荡任性，若一旦有不合适的言论刺激，即可能会有非常火暴的反应。假如女性在说话时经常配合其手势，则表示其为人活泼可爱，但有点情绪化。如说话时喜欢靠在桌边，即表示其为人比较保守，不易接受新生事物；一面说话一边抓耳挠腮，多属于

性格内向的人，不容易表达自己；说话时不住点头，表示自信十足，但为人有点主观，不易接受别人的意见和建议。另外，双手是诚实的晴雨表，如说话时伸出双手表示言行一致，在说真话。反之，把手藏起来则表示此人在撒谎。

(2)通过握手了解对方

握手时的一些下意识动作能够表示握手者的思想。如果掌心向下，表示此人心高气傲，喜欢高高在上，其支配他人的意识非常强；如果掌心向上，则表示握手者性格温顺，乐于服从，而且为人谦虚恭顺；如果两人都垂直手掌相握，即表示两者都愿以彼此平等的地位相交。商务交际时，若对手是属于平等型，则交往时可以较为开放地表达自己的意见；如对手属于支配型，则应采取“顺毛摸”的办法，哄着对方就范；如对方是温顺型，则应实实在在和对方打交道，否则有可能“吓”跑对方，生意也肯定就会告吹。

(3)抽烟动作反映不同心理

用力将烟蒂放在烟灰缸里掐灭，表示其心情烦乱；将烟头弯曲，整个烟头变成V字形的人，表示其气概不凡，在生意上应付自如，是办大事的人；有些人在抽烟时会莫名其妙地把烟头一个个整齐地摆好，那就表示此人理财能力上乘，做事有条理；而那些随意把烟头丢在烟灰缸里的人，则表示其为人豪爽大方，而且颇有自知之明，并且对自己的能力有足够的信心。此外，吸烟时吐烟的方向，也可以表示出一个人当时的心情，骄傲自信、地位优越的人，往往朝上喷烟；犹豫不决、沮丧心虚的人，则一般会把烟往下喷吐。

(4)面部表情里隐藏的信息

人的面部表情是较为重要的肢体语言之一，它能充分显示对方内心的情绪。眼睛、眉毛和嘴部的神情，特别是素有“心灵门户”之称的眼睛，都可以向外界传达人的兴趣、不屑、厌恶、疑惑、坚决、惊讶、心虚、开心等不同的情感。不过非常善于隐藏自己情感的人，却可以利用这一点给人以完全错误的信息，以干扰正常判断。

(5)看对方坐姿知其弱点所在

因为人的姿势较难装腔作势，弄虚作假，所以一个人的姿势可以向外界提供很多信息，其手脚怎么摆放、头部和身体的动静，都会很自然地透露出一个人许多真实的信息。例如：向人靠近、眼神接触和多作垂询，表示此人愿意与人交往，你可以拉近与其之间的距离；保持距离，身体后退，并且保持沉默的人大都不太好接触，因为他的动作已经表示拒你于千里之外，与此类人谈生意一定要有充分的心理准备；如果生意人步入客户的经理室，发现老板双手交叉放在胸前，坐在老板椅上，而且两个大拇指均跷出来，就表示此人有着“天上地下，唯我独尊”的潜意识，跟此种人在生意桌上交手，他们一般都会表现出“目空一切”、“目中无人”的态度，你要事先摸清对方的弱点，在谈判时避实击虚，从其虚弱处入手，只要你能从心理上征服对方，他们一般都会很痛快地与你做成生意；当双方谈判时，如果对方把靠背椅往后挪，即表示对方希望结束谈话，此时，作为一个生意人，千万要知趣，最好不要再继续纠缠下去。

6. 手所表现的心理状态

手能表示出一个人的心理状态。如果一个人将手放入口袋里面，即表示此人紧张害怕。他们之所以将手放进口袋，一方面使别人看不见他的手，另一方面双手在口袋里有着温暖的感觉，可以获得某种内心补偿。假如两手相合，则表示一笔大好的生意已经断送，此时生意人的沮丧心情希望借着双手的紧握，来获得另一种下意识的补偿作用。假如生意人发现下属外出回来时有此情况，就应该知道下属已经受到挫折，并为此而紧张不安，此时不宜再施加压力，应该多加鼓励安慰才是。

7. 酒后读人真面目

交际应酬，离不了烟和酒，商场更近乎于酒场。但是酒醉之后，许多生意人平时保持良好的君子风度全都一扫而光，丑态怪状皆原形毕露，俗话说“酒后吐真言”，那些酒后胡言乱语说话不停的人，大多是平

时总把自己掩盖紧紧的人，此时滔滔不绝的话是告诉人们他的人际关系很差，需要朋友的爱护，不过这却是他的真情表露。酒后呼呼大睡者，大都是意志薄弱的人，其个别则属于性格内向的人，这时他们对别人的要求都会一一应承，和这种人谈生意，最好乘他酒后赶紧开出条件，提高价码。酒后胡搅蛮缠手舞足蹈者，一般都是对现实不满的人，而且也大多内心深处有自卑感。

【点 评】

其实，以上不仅仅是一个生意人成事时所要了解的，每个人在做事时都有必要了解一下，了解人性，知己知彼，做事才能顺达。

九、尽力做到平易近人

想成大事就要凝聚人心，让他们心甘情愿地帮你。而笼络人心的有效方法之一就是做到平易近人。

有一本介绍“心理技巧”的书，其中提到，有一次在美国田纳西州的州长选举中，兄弟二人双双出马竞选。哥哥以吻婴儿的微笑战术来扩大支持者；相对的，弟弟却对于这些漂亮的姿势一概不采用。当他站在讲台上时，边摸着口袋边对听众说着：“你们谁可以给我一支香烟。”

结果是弟弟大胜。

选民们因为能对伟大的政治家的平易近人，朝普通百姓要香烟而支持弟弟。这也可说是使用“给”这句话，图谋心理立场逆转的手段之一。

能够跟大人物这么近乎地打交道，在普通人看来是一件很荣耀的事。领导者有时故意作出某个举动，把自己降到普通人的地位，甚至

通过语言的印象，使对方格外受尊重，这是借着立场的逆转，挑起对方的虚荣心。

人有一种逆反心理，越是强硬的命令，越是不愿意服从。然而，同样是上司的命令，如果用"拜托"这句话来扭转彼此的身份，人的反抗心理便会微乎其微，常常不会感觉出这是命令。

言语也有各种性质，但使得工作岗位的人际关系恶化的一种言语，应该可以说是那些"职务言语"罢！

这是什么样的言语呢？

比如上司把部属叫到桌旁："喂！听说你不听经理的命令。"怎么听也是上司的口吻，又如："这是经理的命令"或"你有什么了不起的，你不过是个普通职员"等等。这种"职务言语，"不用说就知道，很容易招致职员们的强烈反抗心理。

但是，反用这种"职务言语"的话，实际上使得公司内人际关系趋于顺利的也有。

比如经理交给部属某件工作时，故意走到部属的桌旁，说："有一件事想拜托你……"

经理本来应该用命令的语气，却对部属称"拜托"，由于措辞使得立场（身份）逆转过来，如此一来，部属便产生了干劲，忙于被委托的工作，这种情形也不少。

言语，原本就带有社会的功能。普通职员一旦变成经理，"俺"就变成"我"，给比自己年纪大的人加上"先生"，比自己的幼的人冠上"君"来称呼。但是，如对方也担任管理职务，则对年轻职员也加上"先生"二字。

公司中居下属地位的人，经常对上级抱有坏印象。但上级如果冠上"先生"来称呼下级者，那么彼此之间的情势便会扭转过来，使他抱有优越感，对上级便变成尊敬、信赖。

这样一来，即使直接发布会招来抵抗的命令，也可以使部下感到是命令而去实行。

【点　评】

总之，在工作场所，为了巧妙地调动部属，让他们帮你成就大事，不让他们把命令当命令，尊重他们的自尊心，是非常必要的。

十、利用至亲关系感化对方

欲成大事的时候你知道谁会帮你的大忙吗？或者怎样让他们帮你的大忙？答案是利用至亲关系疏通关节，便可轻松达到你的目的。

至亲关系在血缘关系中是十分稳定的关系，这种关系维系着双方的感情，其他的亲戚关系是派生物。所以，在做事的时候利用至亲关系来疏通关节，可以收到很好的效果。

曹冲是曹操的小儿子。10岁的曹冲和一位管仓库的库吏关系非常好，库吏为人忠厚，经常逗曹冲玩，曹冲从来都不摆公子的架子，把库吏当成大朋友。

一天，曹冲看到库吏愁眉苦脸，患得患失，知道库吏遇到了麻烦事，于是关心地问他为何事发愁。原来，曹操叫库吏把他最心爱的马鞍放在仓库里保管。可是，该死的老鼠把马鞍咬了一个大洞。曹操一向军令如山，若让他知道了这事情，不杀头也会打个半死。库吏想把自己绑起来向魏王请罪，可是又怕魏王不宽恕自己，正在左右为难呢。曹冲知道了以后，想了一会儿，对库吏说："没事，我有方法了，你后天中午去拜见我的父亲，主动报告这件事，求他惩罚，到时，我会想办法救你的。"

库吏只好同意了。

到了第三天中午，曹冲把衣服用刀挖了几个洞伪装成老鼠咬的，穿着这件衣服，装着不高兴的样子去拜见父亲。曹操问他为何事情绪

不好，曹冲说：“爹爹，你瞧，我的衣服被老鼠咬破了。听人家说，衣服叫老鼠咬破了会倒霉的，因此，我怕……”曹冲表现出十分难过的样子来。

曹操笑着说：“我的傻孩子，那是人们胡说的，没有这回事。衣服破了换一件吧，不要难过了。”

这时，库吏根据曹冲的吩咐来拜见曹操。库吏反绑着双手，跪在曹操的面前，报告马鞍被老鼠咬破一事，请求曹操治罪。这件事若在往日，曹操肯定会大发雷霆，今天曹操却笑着说：“老鼠咬破了马鞍，那不是你的错，你瞧，”他手指着曹冲，“冲儿的衣服天天放在身旁，仍然被老鼠咬了，更何况藏在仓库里的马鞍呀。今后多加小心就是了。”

曹冲利用和父亲的至亲关系，引发了父亲的爱心，达到他的目的。事实上，曹操宽恕库吏并非因为曹冲的衣服被咬破了，而是由于曹冲很痛苦，为了宽慰曹冲，以表示自己对于这种事情不在意而只好赦免了库吏。

【点　评】

在做人做事的过程中，可以注意一下朋友的至亲关系，通过他们，在你做事的关键时刻他们会伸出友爱之手帮你的大忙。

十一、学会眼神交流

眉来眼去有时并不是什么见不得人的行为。相反学会眉来眼去，等于掌握一项交际的工具。懂得眉来眼去，也等于掌握了借外力成大事的又一策略。

一位女士要当公关小姐，到某公司和总经理面谈。她穿着正规套装，衣襟上插一朵淡雅的小花，微笑地大步向总经理走去，在用力地和

总经理握手时，直视他的眼睛，结果，她终于如愿以偿。有人问她："你当时和他眼波交流之时，总经理占没占便宜?"她笑了："怎能呢？眼神交流就是眼神交流，不说明什么别的。"

她讲得很在理。

当两人互相注视时，即使不说一句话，也会有相当的收获。注视，是两个人眼波的对撞和交流，这是一种"电波"，借此足以评估对方，表达对对方的感情，或引诱对方，使对方就范，或使对方失望。

眉来眼去也有规则。一般说来，善于利用视线，但要避免使对方产生不快。美国一家工厂在处理男女雇用平等法的问题时发现，女性的不满大多是男性上司的"眼神"所引起的。例如"色迷迷的眼睛"、"以令人厌恶的眼光打量女性全身"，"用眼睛注视颈部以下的部位"等等，均是眼睛行为所产生的扰人问题及不良结果。

对方回答你提出的问题时，眼睛却不正视你，东瞅西瞧，甚至故意避开你的眼神，这表明他的回答不可靠，言不由衷。如果他的瞳孔放大，表示他被你的话打动，已经在接受你的意见了。如果他皱着眉头，则表示不同意你的话。

女性比男性喜欢直视对方，尤其在和男性说话的时候。但是，女性的视线常常容易转移。当然，情人之间或夫妻之间的视线例外。白居易的诗句"回眸一笑百媚生"，道出了美女眼波的无穷魅力。《西厢记》写崔莺莺令张生"饿眼望将穿，馋口涎空咽。空着我透骨相思病染，怎当得临去秋波那一转。"美女之眼一闭一开，先显娇漫之态，再露离怨之色，令人神魂颠倒。难怪公关小姐一出山，效率就会高出几倍，因为对方是男人的世界。

【点　评】

做事时，善于利用眼神交流的学问，你会发现这真是一件奥妙无穷的事情。

潜规则六：巧舌如簧 从说话中寻找突破口

一个会说话的人比一个不会说话的人更容易成大事。也许有人会反驳说："我从蹒跚起步时就开始学说话，难道还不会说话不成？"的确，我们每天都在说话，但是要成大事你还有必要掌握一些说话的技巧和策略。

一、语为心声，不要口不择言

说话代表了一个人的形象，俗话说："病从口入，祸从口出"。所以要成大事一定要讲究说话的方式，不要口不择言胡乱说话。但说话也不是件容易的事，要长久地实践才能练出良好的说话功夫。

"你会说话吗?"这样问你，你一定觉得可笑，只要是正常人，说话谁不会? 实际上，问题并没有那么简单。谁都会说话，但有人说话总是口不择言，像机关枪扫人，一阵狂扫，只顾自己快活，不顾别人死活。

我们还是先看几个笑话：

一剃头师傅家被盗劫。第二天，剃头师傅到主顾家剃头，愁容满面。主顾问他为何发愁，师傅答道："昨夜被强盗将我一年积蓄劫去，仔细想来，只当替强盗剃了一年的头。"主人怒而逐之，另换一剃头师傅。这师傅问："先前有一师傅服侍您，为何另换小人?"主人就把前面发生的事细说了一遍。这师傅听了，点头道："像这样不会说话的剃头人，真是砸自己的饭碗。"

在寿宴上，客人同说"寿"字酒令。一人说"寿高彭祖"，一人说"寿比南山"，一人说"受福如受罪"。众客道："这话不但不吉利，且'受'字也不是'寿'字，该罚酒三杯，另说好的。"这人喝了酒，又说道："寿夭莫非命。"众人生气地说："生日寿诞，岂可说此不吉利话。"这人自悔道："该死了，该死了。"

有一人请客，四位客人有三位先到。这人等得焦急，自言自语道："咳，该来的还没来。"一客人听了，心中不快："这么说，我就是不该来的来了?"告辞走了。主人着急，说："不该走的又走了。"另一客人也不高兴了："难道我就是那该走又赖着不走的?"一生气，站起身也走了。

主人苦笑着对剩下的一位客人说："他们误会了，其实我不是说他们……"最后一位客人想："不说他们就是我了。"主人的话未完，最后一位客人也走了。

由此看来，如果我们说话时不加检点，就可能伤人败兴，引起误解，我们要注意说话的场合、对象、气氛，不要口不择言，想说就说。像有些人去菜市场，问卖肉的："师傅，你的肉多少钱一斤？"或饭馆服务员上一盘香肠，说："先生，这是你的肠子。"这类生活中的笑话，我们要注意避免。

明人吕坤认为，说话是人生第一难事。像上面所说的情况，还不是太难的。只要注意语言修养，慢慢就会改善我们说话的纰漏和不足之处。说话难，最要命的就是说真话、说实话太难。

中央电视台开办了一个《实话实说》的节目，主持人崔永元谈到了办节目遇到的一些事。他说，现在世道变了，"文字狱"时代已成往事，说真话已不会闯下大祸，但"说实话免遭迫害，可不定能免遭伤害"。《实话实说》栏目请过几百位座上客来侃侃而谈，结果呢？一位座上客因此评不上职称，原因是"喜欢抛头露面不钻研业务"。另一位是研究所副所长人选，因做节目耽误了前程，理由是"节目中的观点证明此人世界观有问题"。一报社记者参加的节目一经播出，立刻感到人言可畏，人们说他出风头，什么都敢说，恶心。另一电台记者回去后被领导审查，认为他一定是拿了许多钱才会那么说。还有一位老年女性在节目中真诚表露了自己的人生感受，结果好多人打听她是不是神经病……

崔永元苦恼地说："所以连我们自己有时都怀疑，节目到底能做多久？"他也体会到了"人生唯有说话是第一难事"。

生活中见人说人话，见鬼说鬼话的实在太多了。明明是这么回事，有人偏偏说成那么回事。刚才还这样讲，一转脸又那样讲了。这样随风转舵、看人下菜、言不由衷、自欺欺人，活得多累，又多没意思。俄国作家契诃夫笔下的"变色龙"，就是这样很"累"地不断自打嘴巴

地说话的，我们做人可不能这样。

说话难，但因还要做事，所以也就不能就此闭口不言，学会怎样说话就是很重要的事了。

技巧是要学习，但这并不意味着我们可以放弃原则，指鹿为马，曲意逢迎。如果违心地说话，那技巧就变成了恶行。崔永元说得好："也许有一天我们会讨论技巧，我们用酒精泡出了经验，我们得意地欣赏属于自己的一份娴熟时，发现我们丢了许多东西，那东西对我们很重要。"

说话不坚持原则，丢掉的是人格，丢掉的是成大事的真正资本。

说话这事，孩子不会觉得难，怎么想就怎么说。只有大人们觉得是道难题。大人们知道左顾右盼，思前想后，知道掂量和玩味，孩子们的词典里还没有这许多词汇。这题很难。那么，如果我们实在想说，如鲠在喉，不吐不快，又不知道该怎么说时，怎么办？崔永元出了个主意：那就实话实说，就像来自德国的教练施拉普纳对中国足球运动员说的："当你不知道该把球往哪儿踢时，就往对方球门里踢！"

这是解决说话难的最终办法，曲意逢迎只能避开一时的麻烦，得到的是良心上的永久不安。但是切忌口不择言，讲究一下"心机"，实在不能说，宁可保持沉默。

【点　评】

说话是一门高深的艺术，终其一生学之不尽。要成大事不得不认真研习有关说话的种种方式和策略，以求事半功倍之效果。

二、争辩只是蠢材的喜好

谢尔盖维奇曾说过：懦弱愚蠢的人才好激动和大吵大嚷，聪明强干的人什么时候都应保持自己的尊严。事实也是如此，聪明的人决不参与争辩。

第二次世界大战刚结束的一天晚上，美国人戴尔·卡耐基在伦敦得到了一个极有价值的教训。当时他是罗斯·史密斯爵士的私人经纪。大战期间，史密斯爵士曾任澳大利亚空军战斗机飞行员，被派到巴勒斯坦工作。欧战胜利缔结和约后不久，他以30天旅行半个地球的壮举震惊了全世界。澳大利亚政府颁发给他5000美元奖金，英国国王授予了他爵位。有一天晚上，戴尔·卡耐基参加一次为推崇他而举行的宴会。宴席中，坐在戴尔·卡耐基右边的一位先生讲了一段幽默，并引出了一句话，意思是“谋事在人，成事在天”。

他说那句话出自圣经，他错了。戴尔·卡耐基知道，且很肯定地知道出处，一点疑问也没有。为了表现出优越感，戴尔·卡耐基不自觉地纠正他。他立刻反唇相讥：“什么？出自莎士比亚？不可能，绝对不可能！那句话出自圣经。”他自信确定如此！

那位先生坐在右首，戴尔·卡耐基的老朋友弗兰克·格蒙在卡耐基左首，他研究莎士比亚的著作已有多年。于是，戴尔·卡耐基和那位先生都同意向他请教。格蒙听了，在桌下踢了戴尔·卡耐基一下，然后说：“戴尔，这位先生没说错，圣经里有这句话。”

那晚回家路上，戴尔·卡耐基对格蒙说：“弗兰克，你明明知道那句话出自莎士比亚。”

“是的，当然，”他回答，“哈姆雷特第五幕第二场。可是亲爱的戴

尔，我们是宴会上的客人，为什么要证明他错了？那样会使他喜欢你吗？为什么不给他留点面子？他并没问你的意见啊！他不需要你的意见，为什么要跟他抬杠？应该永远避免跟人家正面冲突。”

天底下只有一种能在争论中获胜的方式，那就是避免争论。十之八九，争论的结果会使双方比以前更相信自己绝对正确。你赢不了争论。要是输了，当然你就输了；即使赢了，但实际上你还是输了。为什么？如果你的胜利，使对方的论点被攻击得千疮百孔，证明他一无是处，那又怎么样？你会觉得洋洋自得，但他呢？他会自惭形秽，你伤了他的自尊，他会怨恨你的胜利。而且——“一个人即使口服，但心里并不服。”

正如明智的本杰明·富兰克林所说的：“如果你老是抬杠、反驳，也许偶尔能获胜，但那只是空洞的胜利，因为你永远得不到对方的好感。”

因此，你自己要衡量一下，你宁愿要一种字面上的、表面上的胜利，还是要别人对你的好感？

威尔逊总统任内的财政部长威廉·肯罗以多年政治生涯获得的经验，说了一句话：“靠辩论不可能使无知的人服气。”

拿破仑的家务总管康斯坦在《拿破仑私生活拾遗》中曾写到，他常和约瑟芬打台球：“虽然我的技术不错，我总是让她赢，这样她就非常高兴。”

我们可从中得到一个教训：让我们的同事、朋友、丈夫、妻子，在琐碎的争论上赢过我们。

争辩不可能消除误会，而只能靠技巧、协调、宽容以及同情的眼光去看别人的观点。

林肯有一次斥责一位和同事发生激烈争吵的青年军官，他说：“任何决心有所成就的人，决不会在私人争执上耗时间，争执的后果，不是他所能承担得起的。而后果包括发脾气、失去自制。要在跟别人拥有相等权利的事物上，多让步一点；而那些显然是你对的事情，就让得少

一点。与其跟狗争道，被它咬一口，不如让它先走。因为，就算宰了它，也治不好你的咬伤。”

【点　评】

的确，只有愚蠢的人才好与人争辩，真正的聪明人宁愿沉默。因为无谓的争辩的结果只能是两败俱伤，于成大事没有任何益处。

三、装“聋”作“哑”成大事

沉默是“心机”中的“心机”，更是成大事必需的“心机”。

某机关有一个女孩子，平日只是默默工作，并不多话，和人聊天，总是微微笑笑的。有一年，机关里来了一个好斗的女孩子，很多同事在她主动发起攻击之下，不是辞职就是请调。最后，矛头终于指向了这个女孩子。某日，这位好斗的女孩子抓到了那位一贯沉默的女孩子的把柄，立刻点燃火药，劈里啪啦一阵，谁知那位女孩只是默默笑着，一句话也没说，只偶尔蹦出一个字：“啊？”最后，好斗的那个主动鸣金收兵，但也已气得满脸通红，一句话也说不出来。

过了半年，这位好斗的女孩子也自请他调。

你一定会说，那个沉默的女孩子“心机”实在太好了，其实不是这样，而是那位女孩子听力不大好，理解别人的话虽不至有困难，但总是要慢半拍，当她仔细聆听你的话语并思索你话语的意思时，脸上又会出现“无辜”、“茫然”的表情。你对她发作那么久，那么卖力，她回你的却是这种表情和“啊？”的不解声，难怪要斗不下去，只好鸣金收兵了。

这个故事说明了一个事实：“沉默”的力量是何其地大，面对“沉默”，所有的语言力量都消失了！

只要有人的地方，就会有斗争。这不是新鲜事，本就弱肉强食，和平相处才是怪事，因此你要有面对不怀善意的力量的心理准备；你可以不去攻击对方，但保护自己的“防护网”一定要有，而装聋作哑有时是最厉害的武器。

又聋又哑的人听不懂别人的话，自然也不会加入争斗，别人自然也不会和他们争斗，因为这只是徒劳。

不过大部分人都不聋又不哑，一听到不顺耳的话就会回嘴，其实一回嘴就中了对方的计，不回嘴，他自然就觉得无趣了；他如果还一再挑衅，只会凸显他的好斗与无理取闹罢了，因此面对你的沉默，这种人多半会在几句话之后就仓皇地“且骂且退”，离开现场，如果你还装出一副听不懂的样子，并且发出“啊？”的声音，那么更能让对方“败走”。

不过，要“作哑”不难，要“装聋”才是不易，因此也要培养对他人言语“入耳而不入心”的功夫，否则心中一起波澜，要不起来回他一两句是很难的。

【点　评】

学习装聋作哑，可以不战而胜，更重要的是装“聋”作“哑”可以避免你成为别人攻击的目标，安心成就大事。实在是为人处世的绝妙方法。

四、打动人心的话可化腐朽为神奇

如果你能把握时机，找准说话的突破口，把话说到人心坎，哪怕身处不利地位也能化腐朽为神奇。

当你在做一件事时，眼看着希望很小，你会怎么办？放弃吗？一个能成大事的人不会轻易放弃，而是会揣摸对方心理，用语言打动人心，争取化腐朽为神奇。

有一位艾先生，他是某贸易公司负责人了。其座右铭便是："尽人事，乐天命"。

他原是一家杂志社的记者，因该社经营不善倒闭，他便成为一名自由撰稿人。后来，他又被某广告公司网罗，从事编辑工作，不多久，又转到一家规模颇大的贸易公司，成为总务部门的正式职员。尔后，因为颇具才干，很得主管赏识，便转调业务部经理一职，此后，便成了一位优秀的贸易从业人员。

但是，艾先生对他先前的采访、撰稿工作一直不能忘情。有一段时间多才多艺的他，一连好几天守在一个摄影棚里，目的只为和某艺人接近，好收集一些有关明星专辑的稿件资料。

偏偏很不巧的是，就在艾先生准备出版某专辑的同时，该艺人所属的某电影公司也想出版一本纪念特刊，里头将安插一篇有关他的专访报道。于是，某艺人开始对艾先生采取拒绝的态度。

接连下了好几天雨。该艺人的态度仍然坚决，艾先生忽然灵机一动，心想"或许只有这个办法，可以打动对方的心思了。"因此，他决定冒着大雨，到该艺人的摄影棚前，坐在他经过的道路上等着。

终于，这位艺人被他的这种不计个人得失的诚意感动了，改变了

自己的态度，答应接受他的访问，并提供专辑的资料。

于是，艾先生认为该艺人之所以能够回心转意，主要是自己具有这样的信念：只要心诚，石头也会开花的。打这以后，他就抱着这种信念处理任何事情，结果都能创下良好的成绩。

“化不可能之事为可能”，这是你身处劣势时应持有的信心。

另外，一个想成大事的人还要懂得在事情的交涉中面临绝境时及时补救，亡羊补牢犹未晚，最怕亡羊还不补牢，那只能丢掉更多的羊。

在交涉时选择适当的时机非常重要。如果无法找出适当时机，或者找到时机却不知利用，那么，交涉仍旧是要失败的。也就是说，你非但要能把握时机，还要积极将其化作行动，如此才有化腐朽为神奇的希望。

某电影公司曾发生过这样一件事：那是在某次拍外景时发生的。那天的拍摄地点是一个风景优美的海边渔村，外景队提早两天到达拍摄电影的现场，公司宣传组组长和新闻单位的摄影记者一起前来此处，拍摄有关这部电影的一些精彩镜头。

首先必须明白的是，每一家电影公司都希望通过记者所拍摄的照片能够将新影片信息刊载于报纸，或出现在其他传播媒体上，以达到宣传效果。如果得罪了这些记者，那对电影的商业利益将形成致命的打击。但是，不该发生的事情还是发生了。就在当天晚上，大伙儿还未进餐之前，外景队队长对大家公布了一项决定：“今晚，协助此次外景拍摄的人要招待我们的女主角吃饭。为了让她能早点回来，以免耽误了拍摄的进度，我决定拜托一位摄影宣传记者和我一起陪同前往。至于其他的人就在此地用餐吧！”

于是，外景队长就和记者、女明星三人结伴赴宴了。然而时间已过四个钟头，一直不见他们回来。留在宿舍里的其他记者们，就开始发牢骚了：“让我们跋山涉水，走了这么远的路来到这儿。这倒好！就知道和女明星出去快活，把我们冷落在一旁！”

就在大伙怨声载道、恨得牙痒痒的时候，他们才喝得醉醺醺地回

来了。抱怨之声仍然此起彼伏，甚至有怒气高涨的情势，因此激怒了外景队队长，他非常生气地喝叫一声："有完没完！讨厌死了，想回去的人就回去好了！"

记者团中的人被他这么一骂，大伙全都感情用事起来，最后一致决定："回去！"

其实，这不过是一个小小的误会，却因处理不当，造成了一个更大的错误，最后，竟形成了不可挽救的局面。这种情形，在生意场上也经常会发生。

【点　评】

说话绝不是小事，有时一句话就能影响你的人际关系，决定你事业的成败。所以要成大事一定要力求让自己的话打动人心，为成就大事做好准备。

五、说你应该说的话

一个能成大事的人必善社交，人际交往中为受人欢迎说话要给人留面子。

要给人留面子就需要说你应该说的话，有时甚至是假话，大多数情况下，"忠言"都是不给人留面子的，正是因为"忠言逆耳"，历史上才有那么多忠臣良将不得好下场。即使像唐太宗那样的皇帝，也数次被魏征的"忠言"气得发抖，几次要杀了这个可恶的"魏老道"。要不是长孙皇后，恐怕十个魏征也早就没命了。

不错，偶尔直言不讳一针见血地道出对方的弱点及短处，确实会有另一番效果。对方可能因而联想"这个人颇有骨气，满有性格的嘛！"使你意外地获得好评。不过，如果对方是个肚里能撑船的人便

罢，倘若只是个平凡之辈，奉劝你还是将那些直言、不中听的真话暂且搁住，以免对方生厌，弄得大伙儿都不好受。

因此，不管直言还是谏言，总之在说真话的时候，都必须事先考虑对方的容忍和发言时机。即使是面对经常见面并且性情温厚的上司，当他身体状况欠佳或是情绪低落不稳时，千万要谨言慎行。这时，一点点令人不悦的真话，都足以使对方勃然大怒，肯定会波及将来人事方面的考核，一定要非常谨慎才行！

再者，对于初次见面或是不常见面的人，千万不可贸然向对方说些直言不讳的真话，因为你的真话正好犯了对方的忌讳，对你来个不理不睬，你很可能连个解释道歉的机会都没有。祸从口出，少讲令人不悦的话，总是对你有好处。

现实生活中，也很少有人会因为说过直言、令人不悦的话，而使自己获得好处过，这是成大事者处世的经验之谈。即使想要说的都是为对方着想的忠告之言，但是对方通常在听了之后，不是感谢你而是不喜欢你。

日本有一家关西药房，这家药房的老板，特别善于"给人面子"，不管是真话还是假话，只要从他嘴里说出来，总是那么动听，因而生意兴隆。每当顾客一上门，他就马上起身相迎，满脸带着笑容客气地打躬作揖说"欢迎光临"，使进店来的顾客感到心情愉悦，产生被人重视的满足感。接下来，药房老板开始发自内心地说他的假话，例如对于年纪大的人，就说"你看起来真年轻！"，对于爱美喜欢打扮的小姐太太，说些"你身上穿的这套衣服很漂亮"之类令人听了舒坦又温馨的话。

此外，这位药房老板还采取了一种近乎奇怪的"不卖药给来买药的顾客"经营原则。当顾客被客气地招呼过，浑身舒坦地说："请给我一瓶感冒药"。此时，药房老板绝不会立刻递上感冒药，而是改口说："您是哪里不舒服？"倘若顾客回答："喉咙痛"，药房老板马上会接着说："这样子的话，最好不要服用感冒药。"然后他就不卖药给顾客。这时，顾客一定对药房老板不卖药的举动大感疑惑，纳闷地问："那么应

该如何才好呢？"

药房老板就会说："与其吃药，不如以营养剂来强健身体，增强自身的免疫力，对你的感冒会更有好处。"药房老板就这样轻而易举地说服来买药的顾客转而购买维他命或蜂王浆等营养品。顾客因为药房老板方才巧妙地给过自己面子，也就欣然接受建议，况且营养剂给人的印象，的确是比药品来得好。

各位读者看到这里可能会拍案叫绝。不错，营养剂的价钱胜过药品数倍，而且对于治感冒来说，营养品肯定比不上感冒药，但由于药房老板的假话说得态度诚恳，令顾客信服，使得老板卖出了更多的营养剂，药房生意也就自然红火。原先不知道如何说假话的，你现在应该清楚如何发自内心地说好假话了吧。更明白为什么要学会对上司说假话了吧！

作为拥有一定权力的上司，因为在他们漫长的人生旅途上，难免有一些人会背叛他，或是得了他的好处却不知报答……所以，久而久之，他们对别人都不太敢推心置腹了。像这种人如果遇到比自己能力强的属下时，就会感到很不高兴。他们觉得属下永远比自己差一截才会有成就感，因此，他们只会提拔那些能力比自己低的属下。然而，一旦发现属下的能力可能高于自己时，立刻就会显得站立不安，最后，甚至会对属下施加压力。因此，当你的才能高于上司时，千万不可过于锋芒毕露，以免引发上司的猜忌之心。

所以，若是想在职场中成大事的员工在与这样的上司打交道时，必须时刻小心才是。当上司问你任何一个问题时，在你的脑海里都要很快闪过这类念头：他提问的真正"目的"何在？然后针对他的"目的"，具体地回答，而并非问什么都如实地回答。该说假话就大胆地说，不要有什么不好意思。当然，这里也不是说全对上司说假话，而是说你应该说的话。

说好假话最关键的是假戏要真做，态度要诚恳，不要犯对方的忌讳。倘若你以漫不经心的态度，向对方说一些听起来舒坦愉悦的话

语，即使是礼貌性的赞美，有时对方非但不接受你的心意，反而会对你产生虚伪的不良印象。因此，诚恳认真的表情是改变对方心理的重要策略。纵然你说的话完全与事实不同，是真正的假话，但只要是极具诚意地表示，对方仍会相信这是你由衷之言，自然就会对你产生良好印象，这是不证自明的道理。

请看一个故事：

记得多年以前，我到店里去买自行车，由于知道自己身长腿短，长得不成比例，选好车子付了钱之后，便请老板把车座调低，谁知车店的老板一番仔细瞧看后，以极其真诚的表情说："先生，你的腿绝对是长的！"顿时，我投降了，飘飘然地望着老板把自行车的座调高。然后，以风驰电掣般的速度，骑着被调高座儿的自行车驶向温暖的家。路上，想着老板充满自信又果断的"你的腿绝对是长的"这句话，内心不由自主地欣喜若狂。

那位老板的赞美显然不符合事实，而且他的动机也不清楚。纵然如此，我还是很感谢他，当然不是向他的假话感谢，而是对他那"以认真的表情作礼貌性赞美"的态度，表示由衷的谢意。

毋庸置疑，当作礼貌性的赞美时，你的最佳策略，便是"认真的表情"。最好是在以认真的表情来用假话恭维对方时，能够把既干脆又果断的说法及语气派上用场。比如说，在与他人打招呼寒暄"你看起来容光焕发，神采奕奕"之后，马上再补上一句"看起来比你的实际年龄年轻多了！"，相信对方必然会洋溢一股飘飘然的满足感，对你更是产生良好的印象。因为喜欢被人赞美年轻，它能让听者是人之常情。

【点　评】

生活中，在人际关系中是八面玲珑还是寸步难行，只看你是否能灵活运用说话的艺术。最重要的是用该说的话制造的和谐完美的人际关系将是你成大事的坚实后盾。

六、让"掩饰"为你镀金

这是一个需要"广告"的时代，如果你想摆脱目前的平凡，而跨入成大事的行列你不得不学着用"掩饰"的方法给自己镀金，以达广告的效果。

这里讲的掩饰是一种高深艺术，一种和斗牛相似的艺术。餐桌谈话的高手能够像斗牛勇士一样，挥洒自如地应付、闪避灾难。

"我真是蠢得要命，"克拉克的妻子参加完宴会一回到家就叹气说，"人人都在谈书、电影和政治，我坐在那儿像个傻瓜。他们讲的书和电影我都没看过，而政治我更一窍不通。"

她的确有问题，然而和她的智力无关。她的脑子敏锐，性格却有个缺点：老实。

有这样一个善于闪躲质问的人，他的厚颜与本领令了解他的人想大喊一声"太妙了"。例如，如果有人问他："你可曾读过'堂吉诃德'？"他会回答："最近不曾。"其实他根本没读过，然而谁会煞风景去破坏融洽的谈话？

另有一次，有人问他可曾读过但丁"神曲"中的地狱篇，他回答："英文本没读过。"旁人不禁肃然起敬。他这句百分之百的真话会让人产生三种误解：他读过这诗篇，他精通 14 世纪的意大利文；他是文学纯粹主义者，不屑读翻译本。真高明。

如果你想在社交谈话中做个伟大的斗牛士，必须牢记几个诀窍。

一、寻找安全话题

预备几个非常有趣的题目，侃侃而谈，但言辞须含糊。具体内容不防考虑以下几项：

(1)量子物理学。

就暧昧模糊而言，这题目是数一数二的——连爱因斯坦都会紧张吃力。这个话题最重要的部分叫做“不确定性原理”。有位物理学家最爱以这世界的本质为题讲些令人费解的话，然后看到周围的人个个满脸愕然、面面相觑，便忍不住偷笑，你大可以学他。

(2)死海主卷。

几十年来，只有少数圣经学者能接触到这些古代经文并加以研究。他们不让别人看，也许是因为他们还没琢磨出古卷中文字的真正意思。

(3)某位不大出名的历史人物。

你选的历史人物不必有什么精彩的秘闻韵事，然而如果你不想再听某人喋喋不休地谈论当今的政要，这题目就很适合了。你可以说：“某某怎么样？”

那人会顿时茫然，问道：“他怎么样？”

“你刚才说的全部可以应用到某某身上，”你回答，“你看看他的遭遇。政客就是这样的。”

谁能反驳？

不过要审慎的是：上宴以前必须跟其他客人周旋下，谈些不相干的话，摸清楚什么题目不能碰。比尔有一次大谈“辛亥革命”。谈了二十分钟，殊不知坐在他旁边的那个人是屈指可数的中国近代史权威。

二、形容词慎用

所用的形容词最好能适用于几乎任何方面。

如果有人要你对你毫无所知的某本书、某出舞台剧、某部电影或某首音乐发表意见，你应该说：“我喜欢他早期的作品，作风比较单纯。”或者说：“我喜欢他后来的作品，比较成熟。”无论对方是否同意，都不能说你错。

三、讲一些鲜为人知的东西

你不必发表长篇大论也可以令人觉得你学问渊博。在节骨眼上

讲出一桩人所罕知的事，会使人深信你满腹经纶。例如，你记住某某名作家的妻子是哪个富豪家族哪一房的正室或偏房的表亲，然后在跟人家讨论文学、商界动态、名人花絮或鲜闻的时候，装作漫不经心地提起。

四、巧妙回避问题

闲谈中，难免会有人问你："你认为如何？"

你不想把真正的想法说出来，原因是你刚才没有注意听。其实你一直在想的是赴宴途中你汽车发出的怪声，或者某部电影里某演员叫什么名字。不过，有三种答案适用于任何话题，而且不会引起异议："那完全要看情况而定。""不能一概而论。""在某些地方，情况会受环境因素影响。"

五、高明地搪塞躲避

要是有个粗鲁的人竭力想戳穿你的把戏，千万别慌。你可以采纳如下几个对策：

①含糊其辞。马上答以丹麦著名物理学家尼尔斯·波尔所讲的："真理有大小之分。与小真理对立的，当然是错的；与伟大真理对立的，则同样是真理。"然后，趁质问你的人还在琢磨这一番话，找个借口离桌。

②指着窗外大声喊："瞧那个！"希望借此转移同桌人的注意。

③把一块肉放进口里细嚼，同时作思索状，仿佛是在整理你的答案。接着屏息并慌张地指指喉咙，奔出饭厅，挺着肚子朝沙发背猛扑过去，使人人以为你食物梗塞，在自行救治。然后站起来，转身对吓坏了的众人从容地说："没事了。"

如果你演技够好，大家便会忘记使你突发急症的诱因，反而称赞你有医学知识，救了自己。

【点　评】

合理地用"掩饰"术，让掩饰为你的形象镀金，这是成大事的人常用的做人手腕和做事手段。你也不妨一试吧！

七、场面话不可少

四通八达的人际关系是成大事者必备，而要做到这一点一定要会说场面话。

某人在一单位干了十几年没有升迁，当他得知另一个单位有一个空缺后，便通过朋友牵线搭桥，拜访一位主管人事的单位主管，希望能调到那个单位去。当时，那位主管表现得非常热情，并且当面应允，拍着胸脯说："没问题！"此人高高兴兴地回去等消息，谁知半个月、一个月、二个月过去了，一点消息也没有，打电话去，对方不是不在就是正在开会，问朋友，朋友告诉他，那个位子已经有人捷足先登了。他很气愤地问朋友："那他当时为什么对我拍胸脯说没有问题?"他的朋友也不知如何回答才好。其实，这件事的真相是：那位主管说了场面话，而此人完全相信了他用来应付人的场面话。

一般来说，场面话有这样两种：第一种是当面称赞人的话。诸如称赞你的小孩可爱聪明，称赞你的衣服大方漂亮，称赞你教子有方……这种场面话所说的有的是实情，有的则与事实有相当的差距，说的虽然略显恶心，但只要不是太离谱，听的人十之八九都感到高兴，而且旁人越多他越高兴。第二种是当面答应人的话。诸如"我全力帮忙"，"有什么问题尽管来找我"等。说这种话有时是，因为对方运用人情压力求你，当面拒绝，场面会很难堪，而且会马上得罪一个人。另外，如果碰上缠着不肯走的人，那更是麻烦，所以，用场面话先打发，能帮忙就帮忙，帮不上忙或不愿意帮忙再找理由。

总之，在待人处世中，有的时候，场面话想不说都不行，因为不说，会对你的人际关系有很多影响。

那么场面话要如何说才好呢？

自从人类创造语言以来，语言便改变了国家的命运。语言进入了经济领域，有时也能改变一个人的命运。因为在我们的社会上，即使最简单的事情，也需要彼此合作，互相利用，因此他们首先必须先彼此了解，语言是彼此联系的起点、终点和连接点。

"说话"，是一个人在待人处世中必须使用的交流工具，从早晨睁开眼睛起，一天的每一件事，都很难说不需要用语言来推动。因此，每一个字，每一句话，都会影响你的成功。善于说话，小则可以欢乐，大则可以兴国。

虽然每个人都知道说话，但话说得好的人却不多，说话并不见得比写文章容易，文章写好了可以修改，而一句话说出来了，要想修改是比较困难的。正所谓"说出去的话，泼出去的水"，就是这个意思。

所以在待人处世中，应该"投其所好"，多说一些好听话、顺心话。

成大事者认为：与智慧型的人说话，凭借的是见闻的广博；与见闻广博的人说话，凭借的是辨析的能力；与善辩的人说话，就要简明扼要；与上司说话，就要用奇妙的事来打动他；与下属说话，就要用好处来说服他；别人不愿意做的事情，就不要勉强：对方所喜欢的，就模仿而顺从他；对方所讨厌的，就避开而不谈它。能做到这些，就算利用好了你的舌头。

汉高祖刘邦杀了项羽，平定天下之后，开始论功行赏，群臣在这个时候，彼此争功，吵了一年多都无法确定。刘邦认为萧何功劳最大，就封萧何为候，封地也最多，但群臣却心中不服，议论纷纷。在封赏勉强确定之后，对席位的高低先后又起争议，大家都说"平阳侯曹参身受九次伤，而且攻城掠地，功劳最多，应当排他第一。"刘邦因为在封赏时已经委屈了一些功臣，多封了许多给萧何，所以在席位上也不好再坚持，但心中还是想将萧何排在首位。

这时候，关内侯鄂君已经揣摩出刘邦的意图，就不顾众大臣的反对，挺身上前厚脸说道："群臣的评议都错了！曹参虽然有攻城掠地的

功劳，但这只是一时之功。皇上与楚霸王对抗五年，时常丢掉部队，四处逃避。而萧何却常常从关中派兵员填补战线上的漏洞。楚、汉在荥阳对抗了好几年，军中缺粮，都是萧何转运粮食补给关中，粮饷才不至于匮乏。再说皇上有好几次逃到山东，都是靠萧何保全关中，才能接济皇上的，这才是立世之功。如今即使少了一百个曹参，对汉朝有什么影响？我们汉朝也不必靠他来保全啊！为什么你们认为一时之功高过立世之功呢？我主张萧何第一，曹参其次。"

刘邦听了，自然是无比高兴，连忙说："好，好！"于是下令萧何排在第一，可以带剑入殿，上朝时也不必急行。

刘邦本是个大老粗，在分封诸侯的时候，将一些从前跟着他出生入死、身经百战的功臣比喻为"功狗"，而将发号施令、出谋划策的萧何比喻为"功人"，所以萧何的封赏最多。明眼人一看就知道刘邦宠幸萧何，因此在安排入朝的席位上，高祖虽然表面上不再坚持萧何应排在第一，但鄂君早已揣摩出他的心意。于是顺水推舟，专拣好听的话讲，刘邦自然高兴。鄂君因此而被改封为"安平侯"，封地也比原来多了近一倍。鄂君在关键时刻厚着脸皮说的几句话，使他一生享尽荣华富贵。

通常情况下，被点中不愿让人知道的隐私，对任何人来说，都不是件令人愉快的事。事实上，无论人格多么高尚伟大的人，身上都有"逆鳞"存在。所谓"逆鳞"就是我们所说的"痛处"，也就是缺点、自卑感。只要我们不触及对方的"逆鳞"，就不会惹祸上身，还能平步青云。这就是需要随时随地注意应用"投其所好，多说好听话"，这是处世妙招，也是成大事的妙招。

【点　评】

场面话是现实社会经常见到的现象之一，而会说场面话则是待人处世中不可缺少的生存智慧。

八、曲径通幽达仙境

说话要学会“绕”，正所谓“曲径通幽”，轮船要善于“绕”，才能避开险滩暗礁，一帆风顺。“曲径”作为一种手腕，将让你在人际关系中左右逢源，进而成就大事。

陈毅同志当外长时曾主持过一次谈国际形势的记者招待会。会上陈毅谈到了美制U—2型高空侦察机骚扰我领空的事情，并对此表示了极大的愤慨。有个外国记者趁机问道：“外长先生，听说中国打下了这架侦察机，请问是用什么武器打下的？是导弹吗？”只见陈毅用手作了一个用力往上捅的动作，说：“我们是用竹竿子捅下来了。”与会者无不捧腹大笑，那个记者也知趣地不再追问了。

竹竿子能捅下高空侦察机吗？陈毅同志回答的显然有弦外之音，但却妙不可言！试想，除此之外，还有什么更好的回答方式呢？如实相告，就会泄露我国的核心机密，当然不行；但按一般方法说“无可奉告”，会使会议气氛过于板滞、凝重，而“是用竹竿子捅的”这句错话，却听起来煞有介事，既维护了国家机密，又造成了幽默轻松的谈话气氛，真是一举两得，一箭双雕，怎能不叫人拍手叫绝！

可见，在特定语言环境中，为了避免不必要的麻烦，将真话变为错话，曲折地说出来，往往能有意想不到的好结果。

生活中常有这样的事，当有人求自己帮忙，但却实在是办不到，此时若直言拒绝，一定会使对方难堪或伤害对方，那么该怎么办呢？

有一次，林肯在某个报纸编辑大会上发言，指出自己不是一个编辑，所以他出席这次会议，是很不相称的。为了说明他最好不出席这次会议的理由，他给大家讲了一个小故事：

“有一次，我在森林中遇到了一个骑马的妇女，我停下来让路，可是她也停了下来，目不转睛地盯着我的面孔看。”

“她说：‘我现在才相信你是我见到过的最丑的人！’”

“我说：‘你大概讲对了，但是我又有什么办法呢？’”

“她说：‘当然你已生就这副丑相是没有办法改变的，但你还是可以呆在家里不要出来嘛！’”

大家为林肯幽默的自嘲而哑然失笑。林肯在这里巧妙地运用了自嘲来表达自己的拒绝意图。既没让人难堪，还在愉快的氛围中领悟到林肯的意图。

有时候为了避免直言相告，还可巧妙地寻找借口来为自己解围或是保全他人的面子。

舞会上别人邀你，你内心实在不想跟他跳，可说：“我累了，想休息一下。”既达到谢绝目的，又不伤别人的自尊心。

别人与你相约同去参加某一活动，但届时你忘记了；或过后生悔，未去赴约。直说出原因，将会影响别人对自己的信任，也是对他人的不尊重。一般情况下，失约的可能原因有身体不适、家中有事、客人来访等，你可挑选较合情理的一种，作为事后的解释。

为了避免直言，运用各种暗示，以含蓄、隐晦的方法向对方发出某种寓着自己真实想法、态度的信息，以此来影响对方的心理，使对方明白自己的心意，这也不失为一个妙招。

一次，某乡党委为了加强机关干部管理，在工作考勤等方面作了一系列规定。决定由曾在乡属企业担任过多年负责人，不久前刚调到机关任传达工作的一位老同志负责考勤登记。这位老同志认为这项工作易得罪人，不愿意干，说自己过去就是因为做事太认真，得罪了不少人，正在吸取“教训”。

听了他的话，乡党委书记委婉地讲了一个故事：某电影导演，为拍部片子四处寻找合适的演员。一天，发现了一个合适的人选，便通知他准备试镜头。这个人十分高兴，理了发换上新衣，对着镜子左照右

看，总感到自己的两颗“犬牙”式的牙齿不好看，于是到医院把牙齿拔掉了。后来，当他兴致勃勃地去报到时，导演一见到他就很失望地说：“对不起，你身上最珍贵的东西，被你自己当缺陷给毁掉了，我们的影片已不再需要你了。”

故事讲完后，这位老同志懂得了“坚持原则，做事认真”正是自己最好的品质，于是他愉快地接受了任务。

【点　评】

在与人交谈中，慷慨激昂，锋芒外露，固然是一种本事，但细语声声，婉言相告，也是必不可缺的一种本事。

九、话出口时要留心

成大事者须是谨慎之人尤其在说话方面。因为祸从口出，所以话出口时须三思。

中国幅员辽阔，各地的方言不同，往往同样一句话，意义却完全相反，你以为侮辱，他以为尊敬，你以为尊敬，他以为侮辱，所以古人才有“人境随俗”的主张。

我们在说话时一定要多加留心，不要犯了别人的忌讳，而导致人际关系破裂，从而给成大事设下障碍。

从前有个浙江人，到北方去做官，他的妻子也是南方人。有一天，太太教女仆洗衣服，她说：“洗好后，出去晾晾”。晾晾的字音，南方人读做浪浪，浪浪在北方是不好听的词。女仆听了，当然觉得奇怪。太太询问原因后出口笑骂道：“堂客！”堂客在江苏、浙江一带，是骂人的名词，女仆听了，急着说：“太太，不敢当”！太太又问其所以，才知道原来在湖北等省，“堂客”是尊敬女人的意思。

这是一个笑话，却可证明方言意义的不同。比方你称呼人家的小男孩，叫他小弟弟，总不算错吧？但是在太仓人听来，认为你是骂他；比方你对老年男子，叫他老先生，总算不错吧？但是在江苏嘉定人听来，当你是侮辱他。你在安徽，称朋友的母亲，叫老太婆是尊敬她；但是你在江浙地方，称朋友的母亲为老太婆，那简直是骂她了。又如，我国华南各地称女子叫姑娘，是表示尊敬，和小姐一样意思，而华北各省则不然，姑娘是妓女的代名词。各地的风俗不同，说话上的忌讳各异，你与人交际，必须留心对方的避讳话。一不留心，脱口而出，最易令人不快。

虽然对方知道你不懂他的忌讳，情有可原，但在你总是近乎失礼，至少是你犯了对方的忌讳，在友谊上是不会增进的。比方你对江浙人骂一声混账，还不是十分严重，你如果骂北方女子一声，那就会被认为是奇耻大辱，非与你大肆交涉不可。从前有一位小学教师，为了一些小争执，骂学生的母亲混账，不料这位女家长，是一个北方人，因此向学校当局大兴问罪之师，要那位举出他混账事实来。原来“混账”二字，在北方人是女子偷汉的意思，这种解说使问题显得严重了，学校当局虽一再道歉，声明误会，还是不肯罢休，只好请出他人劝解，才算了事。这近乎笑话的故事，更足以证明方言上的忌讳是必须特别留心的。

【点　评】

留心对方忌讳，在交际上原是小事，在彼此交谊上却有极大影响，你在社会上做人，要成大事，必是冤家越少越好。如果你说话不识忌讳而多招空心冤家，那真是得不偿失了。

十、不怕难下手，就怕不开口

与人交往中若是遇上了糟糕的沉默，请你找准切入点，勇开“金”口，去打破它，千万不要放任它，那样将会更加糟糕。

打破沉默局面通常有两个基本要求。一是深入分析引起沉默的真实原因。如张三因患急性咽喉炎而不愿说话，你却以为张三对你说话的主题没有兴趣，于是转换话题想打破对方的沉默状态，那肯定是难以奏效的。二是在打破沉默的过程中，不要给对方以压迫感。只有巧妙地打破沉默，才能给双方带来语言沟通的热情和感受到社交的乐趣。如，你的朋友第一次参加某社团的集体活动，会拘谨而沉默寡言，这时你可主动向他介绍有关的情况，并引见诸位，在轻松愉快的气氛中，使你的朋友不知不觉地消除拘束感，沉默也就被打破了。

打破沉默局面，应该从许多方面着手。

(1)放下架子

如果是自己太清高、架子大，使人敬而远之，而造成了对方的沉默，则主要应从完善自己的个性着手，在社交场合中主动些、热情些、随和些。

如果是自己太自负，盛气凌人，使对方反感，而造成了沉默，则要注意培养谦虚谨慎的品德，多想想自己的短处，在社交场合中适当褒扬对方的长处，并真诚地表示向对方学习。

如果是自己口若悬河，讲起话来漫无边际，无休无止而导致了对方的沉默，则要注意自己讲话应适可而止，并主动征求对方的看法和意见，让对方也有机会表达自己的立场和观点。不要让人觉得你是在作单方面的“说教”，而应让人觉得彼此在进行双向沟通，让对方产生

你很重视他的观点的印象，引起他的交谈欲望，从而使谈话不致陷于沉默之中。

(2)说他感兴趣的话题

如果对方流露出对此话题不感兴趣而不想开口的情绪，那最好是马上转移话题，选择对方乐于谈论的事情进行交谈。或故意创造机会让对方自己转移话题。

如果对方事先没有准备，对此话题有兴趣但又不知从何谈起，那么应以简明的、富有启发性的交谈来开阔对方的视野，活跃对方的思想，从而引起对方的谈话兴趣，消除沉默。

如果对方自我防卫的意识太重，不轻易开口，那么，就要努力创造非正式的交谈气氛，支持和鼓励对方无顾忌地坦率地交谈，不马上反驳对方的观点，对其一些合理的看法给予赞许，促其进入交谈。

如果对方过于谦让而造成了沉默，则要增强交谈的竞争气氛，用热烈、紧张而有趣的谈话激发沉默者进入交谈。

(3)寻找共同点

如果是因为双方互不了解，不知谈什么得体，那么就应当主动作自我介绍，并使交谈涉及尽可能广泛的领域，从中发现双方的共同话题。

如果因双方过去曾经发生的磨擦或隔阂而造成了沉默，那么就应该高姿态，求大同存小异，或者干脆把过去的隔阂抛在脑后，仿佛什么也没有发生似的，热情地与之攀谈，增强信任和友善的气氛。

如果是刚刚发生了争论而出现了沉默，那么就应当冷静下来，心平气和地谈些无分歧的问题；如果局势太僵，则可暗示在场的第三者出面积极调解，打破沉默。

(4)找个合适的环境

如果对方觉得这个环境不适合他发表意见，那么可以换个环境，也许他就愿意敞开思想来谈。如果对方认为环境中的个别因素妨碍了交谈，在可能条件下，可以排除这些干扰因素，使对方积极地参与交

谈。

【点 评】

当下这个社会，果真可用一张嘴行遍天下无阻无挡，一个欲成大事有“心计”的人总能把话说到点子上，打破令人尴尬的沉默，让别人心甘情愿高高兴兴向你伸出援助之手。

十一、也让忠言不“逆耳”

忠言逆耳是千百年来被证实了的道理，但是一个欲成大事的人不会只顾自己的利益而拒绝忠言，他们会讲究一定的方式和策略也让忠言不逆耳。

在现实生活中，由于领导的一时冲动或认识问题的不足，或者本身就自恃权重不甘于平庸，欲成大事者而决策失误，使个人、企业甚至国家即将蒙受经济和信誉上的损失时，应当仗义执言，阐明利害关系，说服领导收回成命。

赵奢原先只是赵国田部的官吏，负责征收田租的工作。当时，平原君赵胜家不肯照规定缴纳，赵奢依法施罚，杀了平原君九个主事的人。平原君大怒，预备杀赵奢以示报复。

赵奢趁机说：“您是赵国的贵公子，今天连您自己也放任家臣不守国法，国家法令的尊严就会受损；法令受损，国势会因而削弱；国势弱，则诸侯就会伺机而动，赵国的危亡就在旦夕了。到那时，您如何享受这种富豪的生活呢？反之，以您的富贵之家带头奉公守法，则可以导致全国上下一心，国家就会富强，赵国的地位自然稳固了，而您呢，贵为国戚，还怕天下人轻视吗？”

平原君认为赵奢是一个有远见的人，就把他推荐给了赵王。

平原君毕竟知道江山社稷也是他们自己的家族的天下，所以采纳意见，顾全大局，同时他还发现了一个忠心耿耿的拥护者。

在现代社会中，有很多的企业家并不通过调查，而只是通过凭空想象，仅考虑到某些片面，就做了某项决定，造成不利的影响。对于这些情况，不能听之任之，应当仗义执言，否则一旦出现问题，领导依然会振振有词地说："为什么没有人反映？"虽然是大家共同的责任，但对于企业和社会将是很难弥补的。

领导往往都比较自信，而且做事往往会独断专行。所以，如果你诉说的仅仅是目前的现象和实情，有时就不能获取他的认同，而且搞不好，有的领导还会认为你不理解他的苦衷，甚至产生误解，认为你是在有意逃避责任。怎样才能让领导充分理解你的苦衷呢？一定要记住：在必要的时候，对这样的领导，你可以采用推导可能结局的方式，从领导准备做出的决定出发，合乎逻辑地推导出最可能产生的后果，从而引发领导内心深处对你的观点的认同，从而达到诉说的目的。

小常受聘于一家私立学校，由于学校的宣传很到位，学校开办伊始就有很好的生源，这样一来，倒是授课的老师有些忍受不了了。但领导认为应该"宁缺毋滥"，决定只用现有的教师力量，提高教师的每周的课时，并承诺按增加的课时给老师们提高工资。可小常却有自己的看法：因为他特别看重自己的名声且是一个有高度责任感的老师，所以如果这样每天超负荷工作，势必身心疲惫，从而影响教学质量，对自己的名誉和学校的长远发展都很不利。于是他决定向领导拆说一下自己的想法。他从关心学校的前途命运入手，指出教学质量和精益求精的重要性，从而推导出如果按照领导的方式发展下去，在教学上难免会出现敷衍的现象，而这正是领导所非常关心的问题。他的诉说很自然地引起了领导的高度重视。

仗义执言也要分清领导的真实意图，或许领导并不是真正地想请下属提意见，而是向下属炫耀自己的水平，这时更要多点"心计"，否则不但得不到什么好感，反而会对自己的前途产生不利的影响。

同时提意见也要采用相应的方式，诸如先扬后抑，采用请教的方法都可以达到相应的效果。

小麦曾经在一家广告公司任职。她工作上能吃苦，且待人热情、聪明能干，自然得到老板的赏识。但有一天，老板找到她，说自己订了一份公司经营规划，想让她给提提意见，小麦就轻易地把她直率的个性显露出来了，结果对老板的经营规划提出了不少批评意见，而且有的地方还批评得异常尖刻。当然，她的出发点是好的，而且她的很多意见都很有见地，照理说应该得到老板的赏识。但不足一个月，她被老板炒了鱿鱼。因为虽然老板大多数表面上会摆出一副虚心采纳下属意见的姿态，可能够真正做到这一点的很少很少。小麦错就错在自己说话太直率了，明显地不把领导放在眼里，伤害了领导的尊严。

我们都知道要想得到别人的尊重，就必须先尊重别人。对于领导和老板也是如此。尊重老板的具体表现就是你的言谈举止，尤其在老板要你给他提意见时，这时你的语言技巧显得格外重要。比如，你可以采用赞扬和肯定的语气，先对老板的计划赞美一番：“老板，你的计划真的很棒，假如付诸实施的话，一定能使公司的业绩有大幅度的提高。不过，我想到一个问题，你看在这个方面能不能这样……”采用这种方式提出自己的意见，既能够让老板开心，还能够让他采纳你的意见，岂不两全其美？

【点　评】

能成大事的人有一个最大的长处是懂得察言观色，说话委婉，不急不躁，听似柔若无骨，实则主见分明，此类忠言又怎么会逆耳呢？

十二、进什么庙，念什么经

进什么庙，念什么经，见什么人说什么话，这才是成大事的关键所在。

欲成大事，首先要做的便是专注于人的因素，知人然后才能成事。

与人交往中，由于每个人的个人品质也就是嗜好、想法都不一样，所以说话时一定要看对象。如果你明白了对方是哪个类型的人，应付起来就比较容易了，这就是因人制宜。常言道，到什么山唱什么歌，见什么人说什么话。如果你了解了下面这七种类型的人，就明白了与这些类型人该怎样打交道，以及怎样让他们成为你做大事的丰富资源。

1. 寻找死板人的兴趣点

这种类型的人，就算你很客气地和他打招呼、寒暄，他也不会做出你所预期的反应来。他通常不会注意你在说些什么，甚至你会怀疑他听进去没有，你是否也遇到过这种人?

和这种人交际，刚开始多多少少会感觉不安，但这实在也是没办法的事。

遇到这样情况，你就要花些时间，仔细观察、注意他的一举一动，从他的言行中，寻找出他所真正关心的事来。你可以随便和他闲聊，只要能够使他回答或产生一些反应，那么事情也就好办了。接下去，你要好好利用此一话题，让他充分表达自己的意见。

每一个人都有令他感到兴趣、关心的事，只要你稍一触及，他就会开始滔滔不绝地说下去，此乃人之常情，故你必须好好掌握并利用这种人性心理。

2. 简言应付傲慢无礼的人

有些人自视清高、目中无人，时常表现出一副“唯我独尊”的样子。像这样举止无礼、态度傲慢的人，实在叫人看了生气，是最不受欢迎的典型。但是，当你不得不和他接触时，你要如何对付他？

对付这一类型的人，说话应该简洁有力才行，最好少跟他啰嗦，所谓“多说无益”。因此，你要尽量小心，以免掉进他的圈套里去。

不要认为对方客气，你也礼尚往来地待他，其实，他多半是缺乏真心诚意的。你最好在不得罪对方的情况下，言词尽可能“简省”。

3. 面对沉默寡言的人要直截了当

和不爱开口的人交涉事情，实在是非常吃力的；因为对方太过沉默，你就没办法了解他的想法，更无从得知他对你是否有好感。

对于这种人，你最好采取直截了当的方式，让他明确表示“是”或“不是”，“行”或“不行”，尽量避免迂回式的谈话，你不妨直接地问：“对于A和B两种办法，你认为哪种较好？是不是A方法好些呢？”

4. 不要揭穿深藏不露之人的“伪装”

我们周围存在有许多深藏不露的人，他们不肯轻易让人了解其心思，或知道他们在想些什么，有时甚至说话不着边际，一谈到正题就“顾左右而言他”。

双方进行交涉，其目的乃在了解彼此情况，以使任务圆满达成。因此，要经常挖空心思去窥探对方的情报，期待对方露出他的“庐山面目”来。

但是，当你遇到这么一个深藏不露的人时，你只把自己预先准备好了的资料拿给他看，让他根据你所提供的资料，作出最后决断。

人们多半不愿将自己的弱点暴露出来，即使在你要求他供出答案或提出判断时，他也故意装作不懂，或者故意言不及义地闪烁其词，使你有一种“莫测高深”的感觉。其实这只是对方伪装自己的手段罢了。

5. 瞻前顾后应对草率决断的人

这种类型的人，乍看好像反应很快：他常常在交涉进行到最高潮时，忽然做出决断，予人“迅雷不及掩耳”的感觉。由于这种人多半是

性子太急了，因此，有的时候为了表现自己的“果断”，决定就会显得随便而草率。

像这样的人，经常会“错误地领会别人的意图”，也就是说，由于他的“反应”太快，每每会对事物产生错觉和误解。其特征是：没有耐心听完别人的谈话，往往“断章取义”，自以为是的作出决断。如此，虽使交涉进行较快，但草率作出的决定，多半会留下后遗症，招致意料不到的枝节发生。

从事交涉，总是要按部就班地来，倘若你遇到上述这种人，最好把谈话分成若干段，说完一段（一部分）之后，马上征求他的同意，没问题了再继续进行下去，总之你要瞻前还要顾后，如此才不致发生错误，也可免除不必要的麻烦。

6. 适可而止打发冥顽不灵的人

顽强固执的人是最难应付的，因为无论你说什么，他都听不进去，只知坚持一己的意见，死硬到底。跟这种顽固分子交手，是最累人且又浪费时间的，结果往往徒劳无功。因此，在你和他交涉的时候，千万要记住“适可而止”，否则，谈得愈多、愈久，心里愈不痛快。

对付这种人，你不妨及时抱定“早散”、“早脱身”的想法，随便敷衍他几句，不必耗时自讨没趣。

7. 耐心应对行动迟缓的人

对于行动比较缓慢的人，是最需要耐心的。

与人交际时，可能也会经常碰到这种人，此时你绝对不能着急，因为他的步调总是无法跟上你的进度，换句话说，他是很难达到你的预定计划的。所以，你最好按捺住性子，拿出耐心，尽可能配合他的情况去做。

此外，应该注意的是：有些人言行并不一致，他可能话语明快、果断，只是行动不相符合罢了。

8. 遇见自私自利的人能忍则忍

这世上自私自利的人为数不少，无论你走到哪儿，总会遇到几个。

这种人心目中只有自己，凡事都将自己的利益摆在前头，要他做些于自己无利的事，他是断不会考虑的。

当我们不得不与其接触、交涉时，只有暂时按捺住自己的厌恶之情，姑且顺水推舟、投其所好。当他发现自己所强调的利益被肯定了，自然就会表示满意，如此，交涉就会很快获得成功了。

【点 评】

欲成大事者要有"心计"，懂得见什么人说什么话，进什么庙念什么经，如此才能最终成就大事。

十三、打人莫打脸

这个世界上你很难发现哪个不会说话的人成就了大事业。会说话犹如成大事的梯子，没有梯子，自然一事无成。

有位文化界人士，每年都会受邀参加某专业团体的杂志年终评鉴工作，这工作虽然报酬不多，但却是一项难得的荣誉，很多人想参加却找不到门路，也有人只参加一两次，就再也没有机会。问他为何年年有此殊荣，他直到届龄退休，不再参加此项工作后才公开其中秘诀。

他说，他的专业眼光并不是关键，他的职位也不是重点，他之所以能年年被邀请，是因为他说话很会给人留面子。他说，他在公开的评审会议上一定把握一个原则：多称赞、鼓励而少批评，但会议结束之后，他会找来杂志的编辑人员，私底下告诉他们编辑上存在的缺点。因此虽然杂志有先后名次，但每个人都保住了面子，而也就因为他顾虑到别人的面子，因此承办该项业务的人员和各杂志的编辑人员，大家都很尊敬他、喜欢他，当然也就每年找他当评审了。

这里要特别告诉你的是，在中国人的社会，面子是一件很重要的

事，为了面子，小则翻脸，大则会闹出人命；如果你是个对面子不感兴趣的人，那么你必定是个不受欢迎的人；如果你是个只顾自己面子，却不顾别人面子的人，那么你肯定有一天要吃暗亏。

所以在待人处世中，必须了解到这一点，这也就是很多待人处世高手不轻易在公开场合说一句批评别人话的原因，宁可高帽子一顶顶地送。

事实上，给人面子并不难，也无关乎道德，大家都是在社会上混的人，给人面子基本上就是一种互助，尤其是一些无关紧要的事，你更要学会给人面子。至于重大的事，就可以考虑不给了，你不给，对方也不敢对你有意见，他若强要面子，就有可能在最后失去面子！

【点　评】

中国人很奇妙，可以吃闷亏，也可以吃明亏，但就是不能吃没有面子的亏。

十四、投其所好，旁敲侧击

当你遇到有钱有势的人时，你应该设法让他说往事。过去的工作是否比现在更有趣？他爬到现在这个地位的关键是什么？谁是早年助他成功的英雄？当年的老板是否使他紧张？他的百万财富是不是他自己创造的，以及他怎样赚到他的第一笔钱的？如果这些问题问得他不大自在，你就准备跳到其他问题上去吧。不要盯着问，那会很不愉快的。

如果他不愿意打开他的记忆之门，你就问他的工作时间，问他如何承担那么重大的责任，问他爱好哪些休闲活动，以及怎样布置他的办公室，今天很多有钱有势的办公室，布置得就像豪华气派的皇宫一

样，很有一谈的余地。同时记住，当对方是一位医生时，不要忘了他也是血肉之躯，也是一个普通的人，你也可以和他谈谈他的健康问题。

如果富人是一位妇女时，不管她从事哪一种行业，人们对她们的看法，往往有失公平，甚至流于残酷。她们的背后有很多流言。纵然同是女人也一样，他们对女性富人往往持有偏见。

如果你是对女性富人持有偏见的人士之一，那么当你碰上女性富人时，干脆远远地避开她算了。她对持偏见的人是很敏感的，因为她经常遇到这样的人。有时你的进言，会被误为批评与攻击，她就会对你恼怒。

在社交场合，我们不宜向各种专业人员要求提供免费的建议。即使你的问法很狡猾，那也是一种冒犯，况且你问得再狡猾也瞒不过专业人员的。男人常喜欢在交易场合和律师谈他们的敌手之间的问题，女人则喜欢在社会场合和医生谈她们的孩子和丈夫。这其实与我们向所遇到的电器商人索取免费的电器并无不同。各种专业人员的职业，便是向他们的客户出售商品。我们应该在他们的执业时间向他们提出各种要求。

你对富翁们提出有关事业上的意见，以尽量避免为宜，如果确是有提出的必要，可以这样表白你的意见："这次能认识您，真令人高兴，我有一个困扰很久的小问题，我想您也许能解开我的迷惑。我发现有些公司出品的酱油瓶盖很难打开，我奇怪为何要封得那么紧呢？"你所表达的是同一个意见，但其中有很大的不同。这种表达的方式，显示你对问题的关切，而你又未指名道姓的说出他的产品。你的立场是消费者，是外行人，而他是非常能干的大富翁。他会乐意答复你的问题，因为你是他的听众，不是向他挑战来的。

当你和银行经理、鞋店老板或任何孩子的母亲谈话时，你均不宜过分直率。坦率是无可厚非的，但适当的含蓄更值得学习。当我们说，你是怎么能使这么多人穿梭你这儿？和我们说，你这儿何以总是乱成一团？所表示的意思往往是一致的，但是，前者是不会使人难堪，

而后者常会引起听者的羞怒。那么，我们何以不取前者呢?

说话不是竞争，不是斗嘴。商人把他的时间和金钱都投资在他的事业之中，并与其他的同行竞争，这是他们为生存所付的代价，其中有些人发达起来，有些人奋力维持。如果他们能遇见一位能和他们交换意见而没有敌意的人，他们会觉得幸福和快慰；如果你能发现他可引为尊荣的地方，以及他觉得成就和有价值的地方，那么，你们就能缔结建设性的友谊。

在工作中，上下级之间的关系是很重要的。谈话是联系上下级之间的一条重要纽带，因此必须加以研究，这是关系到你的发展前途和晋升问题。

许多在同事、亲友中滔滔不绝地谈话的人，一到上级面前便结结巴巴的，甚至话不成句，许多想好的话也不知从何说起。因此，宁愿请第三者代言，或者干脆敬而远之，采取缄默的态度。造成这种情况的原因是多方面的。如某领导本人的民主作风有问题等等。但一般说来，上下级地位的差距，在客观上造成了感情上的差距，人们往往担心自己不能在上司那里留下好印象。

要想在工作中成大事必须明白你的上级一天到晚要考虑的问题很多。所以，你应当根据自己问题的重要与否，去选择适当时机反映，假若你是为个人琐事，就不要在他正埋头处事时去打扰他。如果你不知道上级何时有空，不妨先给他写张纸条。把自己需要解决的问题要点写上，然后请他交谈。或者你写上要求面谈的时间、地点，请他先约定，这样，领导便可以安排时间。

在谈话时，充分了解自己话题的含义，做到能简练、扼要、明确地向上级汇报，如果有些问题需要请示的，自己心中应有两个以上的方案，而且能够向上级列出各方案的利弊。这样，有利于上级做决断。顺便提一下，如果只有一个方案是不明智的，因为没有选择余地，实际是强加于人，为此，你事前应当做周密的准备，弄清每一个细节，随时可以回答。此外，如果上级同意了某一方案最好，事后你立即把它整

理成文字再呈上，以免日后产生理解上的分歧，造成不必要的麻烦。

要设身处地替上级考虑解决自己提出问题的可能性。有些人明知客观上不存在解决某个问题的条件，却一定要去找上级解决，这种谈话的结果，一定是不欢而散的。

反映情况要客观，要正确报告事实的真相，这是相当关键的，这不仅有利于领导作出正确的决断，也直接影响到领导本人的威信。有许多部门上下级、同级之间发生纠纷，就是因为某些人向上级报告失实造成的。美国一位广告大王布鲁贝克在谈起他年轻时的一件轶事时说，一次他所在公司的经理问他，印刷厂把纸送来没有？他回答送过来了，共有五千令，经理问："你数了吗？"他说："没有，是看到单上这样写的。"经理冷冷地说："你不能在此工作了，本公司不能要一个连自己也不能替自己作证明的人来工作。"从此，布鲁贝克得出一个教训，向上级反映情况，对于自己没有把握的事情不要说，自己没有做过的事情，不能说做得很圆满，这样反而使上级反感。

【点　评】

一个会说话的人比一个不会说话的人更容易成大事。观察会说话的人你不难发现他们说话时非常善用投其所好，旁敲侧击的策略。

潜规则七：巧施“心计”“贪”机遇成大事

很多人之所以平庸一生无所作为，往往是因为他们由于种种原因而错失了许多成大事的机会。凭你多大的勇气，凭你多勤勉的实干精神，凭你多强烈的进取精神，没有机会的配合，你也难成大事。机不可失，时不再来，哪怕是一个只有万分之一可能的机会，也有可能成为促使你成就大事的机缘。又加上机会的时效性很强，犹如白驹过隙，稍纵即逝。所以，要成大事，必须果断出击，在机会到来时，及时抓住它，借机会之力成就辉煌。

一、抓住每一次机会

不少有才华的人最后之所以无所作为是因为他们错失了成大事的机会。

在我们的生活中，许许多多的人悲叹自己怀才不遇，这可能是真的。一个人生存在世界上，希望每当自己的才能有一点增进时，社会就理所应当地予以承认。这在理论上来说，其要求也是合理的，但是，在现实生活中，要真正做到这一点，却是很难很难的。因为这需要一个过程，一个你显露自己的才华和社会的理解相互适应的过程。而这一过程的长短，就在于你对于机会的把握，你才华的功力和才华显露的形式是否适当，时机是否恰到好处。

人生如流水，有的在一个地方打一个转转，有的乘着激流往下游奔驰。你乘着的这股流水，也许就在岸边优哉地打转转，好几年过去才移动了那么一点点，甚至完全静止不动。如果是随波逐流的落叶，只有听天由命的份儿，只能"无可奈何花落去"。落叶的前途，完全取决于流水。

人生如流水，但人却不一定是落叶，因为你自己可以决定自己的前途。如果你不想在一个转弯处长久地停留，就可以勇敢地向流水的中央游去，乘着激流，去寻找大的新机会。当然，你也可以完全放弃个人的努力，一切任由流水和风向的安排。

自然，不是说只要你游向了流水的中央，你就能开辟一片新的天地、你就能取得成功。但是，这，起码为你开辟一片新的天地、为你成大事提供了一种可能性，哪怕这种可能性只是万分之一。如果你继续呆在原地，这一可能性就等于零。

机不可失，时不再来！

在现代社会，一个成大事的人士，尤其是商界的成大事者，他们的成功，常常就是因为他们抓住了万分之一甚至更小的机会，所以他们实现了自己的理想。

美国南北战争之后，北方的工业资产阶级战胜了南方种植园主，但林肯遇刺身亡。美国当时沉浸在欢乐与悲痛之中。既为统一美国的胜利而欢欣鼓舞，又因失去了一位好总统而陷入无限的悲痛。

欢乐也罢悲痛也罢，对于后来的美国钢铁巨头卡耐基来说，机会降临了。

卡耐基预料到，随着战争的结束，经济复苏是一种必然，经济建设尤其是基础设施的建设对于钢铁的需求几乎是无限度的。于是，他毅然辞去了铁路部门报酬优厚的工作，合并了由他主持的两大钢铁公司，创立了联合制铁公司。同时，他让自己的弟弟汤姆创立了匹兹堡火车头制造公司和经营苏必略铁矿。

上帝给了美国人一次绝好的机会，卡耐基将它紧紧地抓住了。最终成就了一番事业。

卡耐基的成功，不仅是由于他个人具备了当美国钢铁巨头的主观条件——这当然是重要的，还由于他准备了奋争的积极的心态——这当然也是重要的。当有利于施展才华的时机一旦降临，他就一把抓住了不放。卡耐基没有屈从当时他可能面临的极其严峻的局面，美国当时经济萧条，人们的购买力极低，他随时有可能破产，等等，这些可能性比他成功的可能性更大，但他使万分之一的机会变成了百分之百，所以他成功了。

类似这样的机会，可能我们每一个人都会有。

【点　评】

欲成大事者，就会挺身而出接受考验，毅然决然地跳进未知的世界中，向激流的中央游去。他们知道，只有游过去，才有可能成就大事。

二、慧眼辨机，把握随手可抓的机会

敢冒风险的有心人才有最大的机会成就大事。

对那些随遇而安的人来说，机会在他面前出现时，他也把握不住。

"机不可失，失不再来。"人人都会说这句话，但有很多人只有等到机会从身边留走之后，才恍然大悟，如梦初醒，急得上蹦下跳。机遇对任何人都是公平的，关键要看你是否是一个有心人。

如台风带来海啸一般，机遇常与风险并肩而来。一些人看见风险便退避三舍，再好的机遇在他眼中都失去了魅力。这种人往往在机会来临之时踌躇不前，瞻前顾后，最终什么事也干不成。我们虽然不赞成赌徒式地冒险，但任何机会都有一定的风险性，如果因为怕风险就连机会也不要了，无异于因噎废食，爷爷倒脏水连孩子一块倒掉了。

大凡成大事者人士，无不慧眼辨机，他们在机会中看到风险，更在风险中逮住机遇。

美国金融大亨摩根就是一个善于在风险中把握时机的人。

J. P·摩根诞生于美国康乃狄格州哈特福的一个富商家庭。摩根家族1600年前后从英格兰迁往美洲大陆。最初，摩根的祖父约瑟夫·摩根开了一家小小的咖啡馆，积累了一定资金后，又开了一家大旅馆，既炒股票，又参与保险业。可以说，约瑟夫·摩根是靠胆识发家的。一次，纽约发生大火，损失惨重。保险投资者惊慌失措，纷纷要求放弃自己的股份以求不再负担火灾保险费。约瑟夫横下心买下了全部股份，然后，他把投保手续费大大提高。他还清了纽约大火赔偿金，信誉倍增，尽管他增加了投保手续费，投保者还是纷至沓来。这次火灾，反使约瑟夫净赚15万美金。就是这些钱，奠定了摩根家族的基业。摩根的父亲吉诺斯·S·摩根则以开菜店起家,后来他与银行家皮鲍狄合伙,专门经营债券和股票生意。

生活在传统的商人家族,经受着特殊的家庭氛围与商业熏陶,摩根年轻时便敢想敢做,颇富商业冒险和投机精神。1857年,摩根从德哥廷根大学毕业,进入邓肯商行工作。一次,他去古巴哈瓦那为商行采购鱼虾等海鲜归来,途经新奥尔良码头时,他下船在码头一带兜风,突然有一位陌生白人从后面拍了拍他的肩膀:"先生,想买咖啡吗?我可以出半价。"

"半价?什么咖啡?"摩根疑惑地盯着陌生人。

陌生人马上自我介绍说:"我是一艘巴西货船船长,为一位美国商人运来一船咖啡,可是货到了,那位美国商人却已破产了。这船咖啡只好在此抛锚……先生!您如果买下,等于帮我一个大忙,我情愿半价出售。但有一条,必须现金交易。先生,我是看您像个生意人,才找您谈的。"

摩根跟着巴西船长一道看了看咖啡,成色还不错。——想到价钱如此便宜,摩根便毫不犹豫地决定以邓旨商行的名义买下这船咖啡。然后,他兴致勃勃地给邓肯发出电报,可邓肯的回电是:"不准擅用公司名义!立即撤销交易!"

摩根勃然大怒:不过他又觉得自己太冒险了,邓肯商行毕竟不是他摩根家的。自此摩根便产生了一种强烈的愿望,那就是开自己的公司,做自己想做的生意。

摩根无奈之下,只好求助于在伦敦的父亲。吉诺斯回电同意他用自己伦敦公司的户头偿还挪用邓肯商行的欠款。摩根大为振奋,索性放手大干一番,在巴西船长的引荐之下,他又买下了其他船上的咖啡。

摩根初出茅庐,做下如此一桩大买卖,不能说不是冒险。但上帝偏偏对他情有独钟,就在他买下这批咖啡不久,巴西便出现了严寒天气。一下子使咖啡大为减产。这样,咖啡价格暴涨,摩根便顺风迎时地大赚了一笔。

从咖啡交易中，吉诺斯认识到自己的儿子是个人才，便出了大部分资金为儿子办起摩根商行，供他施展经商的才能。摩根商行设在华尔街纽约证券交易所对面的一幢建筑里，这个位置对摩根后来叱咤华尔街乃至左右世界风云起了不小的作用。

这时已经是 1862 年，美国的南北战争正打得不可开交。

林肯总统颁布了"第一号命令"，实行了全军总动员，并下令陆海军对南方展开全面进攻。

一天，克查姆——一位华尔街投资经纪人的儿子，摩根新结识的朋友，来与摩根闲聊。

"我父亲最近在华盛顿打听到，北军伤亡十分惨重！"克查姆神秘地告诉他的新朋友，"如果有人大量买进黄金，汇到伦敦去，肯定能大赚一笔。"

对经商极其敏感的摩根立时心动，提出与克查姆合伙做这笔生意。克查姆自然跃跃欲试，他把自己的计划告诉摩根："我们先同皮鲍狄先生打个招呼，通过他的公司和你的商行共同付款的方式，购买四五百万美元的黄金——当然要秘密进行；然后，将买到的黄金一半汇到伦敦，交给皮鲍狄，剩下一半我们留着。一旦皮鲍狄黄金汇款之事泄露出去，而政府军又战败时，黄金价格肯定会暴涨；到那时，我们就堂而皇之地抛售手中的黄金，肯定会大赚一笔！"

摩根迅速地盘算了这笔生意的风险程度，爽快地答应了克查姆。一切按计划行事，正如他们所料，秘密收购黄金的事因汇兑大宗款项走漏了风声，社会上流传着大亨皮鲍狄购置大笔黄金的消息，"黄金非涨价不可"的舆论四处流行。于是，很快形成了争购黄金的风潮。由于这么一抢购，金价飞涨，摩根一瞅火候已到，迅速抛售了手中所有的黄金，趁混乱之机又狠赚了一笔。

这时的摩根虽然年仅 26 岁，但他那闪烁着蓝色光芒的大眼睛，看去令人觉得深不可测；再搭上短粗的浓眉、胡须，会让人感觉到他是一个深思熟虑、老谋深算的人。

此后的一百多年间，摩根家族的后代都秉承了先祖的遗传，不断地冒险，不断地投机，不断地暴敛财富，终于打造了一个实力强大的摩根帝国。

机会常常有，结伴而来的风险其实并不可怕。就看你有没有勇气去逮住成大事的机会。敢冒风险的人才有最大的机会赢得成功。古往今来，没有任何一个成大事者者会不经过风险的考验。因为，不经历风雨，怎能见彩虹，不去冒风险，又怎能把握住人生的关键呢。

机会稍纵即逝，犹如白驹过隙，当机会来临，善于发现并立即抓住它，要比貌似谨慎的犹豫好得多，犹豫的结果只能错过机遇，果断出击是改变命运的最好办法。

1975年初春的一天，美国亚默尔肉食加工公司的老板正躺在沙发上看报纸，突然，一则短讯让他双眼圆睁：

"墨西哥将流行瘟疫。"

这位老板立刻推测，如果墨西哥有瘟疫，必定从加利福尼亚和得克萨斯两州传人美国，而这两州又是美国肉食供应的主要基地。这两地一旦瘟疫盛行，那么全国肉类供应必定紧张。

于是，在证实了这个消息的可靠性之后，他倾囊购买得克萨斯州和加利福尼亚的生猪和中牛肉，并及时运往美国东部。

不出所料，从墨西哥传来的瘟疫蔓延美国西部几个州。美国政府立即严禁这些州的食品外运。于是美国全境一时肉类价格暴涨，肉类奇缺。

亚默尔公司数月内净赚900万美元，一时占尽风光。机不可失，时不再来，在进退之间不能把握时机者，必将一事无成，遗憾终生。而无论在生活中还是工作中，机会只偏爱那些有准备的头脑，做个有准备的人要在乎时就做个有心人，这样才会懂得如何经营自己的命运，才会比别人收获得更多。那些平常无心的人，对一切事都放任自流，必然会错失许多东西。

生活就是这样，机遇对每个人都是公开的，与其说它青睐那些有

准备的人,不如说有心人善抓机遇,亚默尔公司的例子就说明了这一点。

【点　评】

那些成大事者不仅因为他们是捕捉机遇、创造机遇的高手,更因为他们惯于在风险中猎获机遇!

三、借机会之力成就辉煌

凭你多大的勇气,凭你多勤勉的实干精神,凭你多强烈的进取精神,没有机会的配合,要想成大事则是难上加难的。所以要成大事必须善于抓住机会,借机会之力成就辉煌。

世上有许多人,他们什么条件都具备,但是就是做事太慎重了,对每一件事都非经长时间的考虑不可。结果许多的大好机会都失之交臂,而商场竞争中,先发制人却是绝对重要的。

一个抓不住机会的人,一个抓不住机会的企业,在竞争中是永远无法获胜的。

日本东京有家"大都不动产公司",公司创业者渡边正雄51岁那年才创立了这家公司。

创立时只不过是一家仅有43平方米的平房,小得不能再小的公司罢了,渡边却抓住了机会。

一天,有人向渡边推销土地。"那须(地名)有几百万平方米的高原,价钱非常便宜,每平方米只卖60日元。"

事实上,这块山间土地曾对东京都内所有的不动产业者提过,但谁也不感兴趣,因为那须人迹罕至,没有道路,没有自来水,也没有电气等公共设施,不动产价值被认为等于零。

可渡边有兴趣，因为他知道，那须是与天皇御用地邻接，可能让人感觉到自己是与天皇在做邻居，能满足人的自尊心的需要；城市现在已是人挤人了，渴望大自然，回归大自然，将是不可遏止的潮流。

渡边毫不犹豫地拿出全部财产，又倾其全力大量借债，将这块土地全部买了下来。

订约之后，同行们都嘲笑他是"一个无可救药的大傻瓜"。

渡边把土地细分为道路、公园、农园和建筑用地，并准备先盖200户别墅和大型的出租民房，然后他就开始大做广告，出售别墅和农园用地。

其广告醒目、生动，充分抓住那须青山绿水、白云果树的特色，适应了都市人们厌恶噪声和污染，向往大自然的心理。

结果，订购踊跃之极。不到一年，几百万平方米的土地就卖出4/5，净赚了50多亿日元，而剩下的160多万平方米土地已增值了15倍。

事实上，如果渡边当时考虑过多，赚大钱的机会也就轮不到他了。"有傻胆才有傻福"。

渡边为什么能成大事？不是因为他有特别的手腕，绝不是。只是因为他看到了机会，而且抓住了这个机会。

正像渡边在接受日本一家电视台采访时所说的："别人认为千万做不得的生意，或是不屑做的生意，这种生意往往隐藏着极大的机会。因为没有人跟你竞争，所以做起来就稳如泰山，钞票就会滚滚而来。重要的是，有创造机会和把机会变成财富的脑筋；其次你有了信心就不该踌躇，应该有一颗傻胆干下去，这样先发制人，就自然有美好成就了。"

抓住机会，这是成大事的永恒真理。

【点 评】

正是因为抓住了机会，并借助机会之力，马里奥特公司才成功开发了机场饮食业这一利润诱人的行业。

四、“守株待兔”只能一事无成

机会对成大事者可谓意义非凡，但是若是你过于迷信机会，那么结果也往往会适得其反，难成大事。

过去有一个人，偶尔一天在树下睡觉，醒来时却发现一只兔子撞死在树桩上。

他高高兴兴地拎着兔子回了家，舒舒服服地吃了顿兔肉。

既然今天有只兔子撞死了，明天怎么就不会再有呢？

于是，他天天守候在这根树桩前，日复一日，年复一年，时光就这样慢慢地流走了。

听了这样的故事你总是觉得好笑，却不知道你身边的人，甚至于你自己也在不断地重新上演着“守株待兔”的好戏。

偶尔获得一次成功，或者别人这样做获得了成功，就认为机会还会一成不变地降福于自己，这是一种多么愚蠢的想法啊！

这可是会掉入陷阱的：

小型自动商店“统一超级商店”已经超过1300家了。

西武关系企业的“巴而可”也快速成长。

还有一个化妆品界的新宠儿“诺威比亚”，成长速度之快令人惊讶，年销售额已达3亿美元。

松登仪器公司的L杯型果酱的砂糖含量很少，比去年销售增长了六七倍。

听这么多令人振奋的消息，心里头一定也是痒痒的。

然而，你应该发现这里头有错误，那就是：胡乱寻找“经验”根本没有什么用处。

麦当劳最近一年的销售额是100亿美元,多么可怕的增长率!只要听了他们公司经理的一席话就会获益匪浅。

但是,别人若问你:"你打算如何经营自己的企业,你打算如何来销售你的商品?"你还不是一样不知所措。

为什么炒股总是后下手的人被套牢?

为什么那么多期待中国房地产业再度火暴的公司纷纷落马?

大家应该从中学到点儿什么!

类似的事情常常发生,可是大家并没有记取教训,事情一再重复。今天,各行各业都有同样的教训。

德国社会学家和历史学家马克斯·韦伯探索了工业社会的本质,写了几篇文章,试图去解释美国的经验。

他下结论说,那些在19世纪下半叶控制美国企业的实力雄厚的产品工业家们是些不寻常的人物。他写道:"只是他们用以获得财富的技术'手段'已经改变了。"

那些成大事者之所以能出人头地,是由于他们抓住了机会。然而,捕获机会绝对不能等同于"守株待兔"式的迷信机会,机会总是垂青于那些灵活机敏、准备充分的人们。

成大事者的经验是很受人欢迎的,因此,不论报纸或是书籍都会大力报道这个消息,但是却往往避免说明"怎样做才会成功"的本义。结果,失败的人越来越多。

人们总是认为机会对人人都是平等的,但是这世上却没有绝对的平等,如果时刻等待着机会的来到,而不去做丝毫的努力,或者去做了却没有认真对待,那么他所等来的只能是失败而不是机会。

另外的一些时候,看似机会来临欣然应之,往往也会掉入机会女神的陷阱中,碰得头破血流之后才知道受了她的愚弄。

对于新的建议,常人总是爱用过去成功经验不来衡量今天遇到的情况,"过去我是怎么做的?""过去人家是怎么做的?"然后再作出自己的判断。然而,货物、市场、时间、销售、售货员等等要素都全然不同

了,还依然故我地坚持己见,这样只能导致最终的失败。

【点　评】

成大事的人之所以能成大事,是因为他们不迷信机会,并善于从失败中吸取教训获得经验。

五、机会只偏爱"有准备的头脑"

捕获机会的愿望,人皆有之,但是在生活中,并不是每个人都能获得成大事的机会,这又是什么原因呢?

原因就在于对机会两大特征的认识与掌握:一是、具有鲜明的瞬时性,即稍纵即逝;二是倾向性,它垂青"有准备的头脑"。

这也就是我们所说的,机会垂青"有准备的头脑"。

机会是客观存在的,但它不仅仅是客观事物所提供的条件,或者已具备的某种环境。在相同的环境里,有的人能够获得机会而有的人则不能,其区别就在于后者没有与环境偶合的灵感。

反过来,很多富有灵感的人,如果没有相应的环境,那也是不可能诱发有创意的机会来。

人们可能知道莫尔斯发明了电报,但是恐怕很少有人知道他如何走上这一发明道路的。

莫尔斯发明电报完全是源于一种机会,这种机会成了他一生的转折点,也使他获得了巨大的荣誉。

原来,莫尔斯是学习美术的,后来成了蜚声全美的杰出画家,24岁就担任了美国全国美术协会主席。

莫尔斯到欧洲各国漫游作画,他为欧洲的科学技术成果而振奋。

数年之后,他乘"萨丽"号邮客船由法国返回纽约。

莫尔斯正处于艺术的巅峰,名誉、桂冠、巨酬、赞美等纷至沓来,而他并没有为此而陶醉。

他反复思忖着:"难道这就是自己的终极境界?科学不也是一种高超的非凡的艺术吗?"

一种追求科学发明的欲望,在莫尔斯心里倏地萌动起来了!

那时,有一个名叫杰克逊的爱好无线电的医生正在船上餐厅里,向乘客讲解一台电磁铁新器件的功能。

最后,他振臂高呼:"科学就要创造新的奇迹,人们的生活将为之大大改观!"

莫尔斯就是杰克逊的听众之一,他被杰克逊的演讲所激励。

突然,莫尔斯转过身去面向无垠的大海,并高声呼喊道:"我要告别艺术,我将要发明电报!"

莫尔斯在船上的旅行和杰克逊的学说是一种可变的环境,它与莫尔斯意欲追求科学发明的灵感相结合,于是形成了发明电报的机会。

莫尔斯不仅如此说,而且很快地投入到了发明电报的实验之中。

他没有留恋鲜花铺满的大道,而是选择了一条荆棘丛生的峭壁,迈进了一个完全陌生的研究领域,困难是可想而知的。

他对电子和机械知识几乎是一无所知,但是,凭借着对科学发明的坚贞不渝的追求,他终于获得了发明电报的机会。

1844 年 5 月 24 日,在华盛顿举行了一次伟大的电报传递试验,并获得了完全的成功。

这是震惊世界的巨大成就,正像杰克逊在"萨丽"号船上所说"人们的生活将为之大大地改观!"

毫无疑问,在莫尔斯发明电报中,杰克逊起到了启蒙老师的作用。

原因就在于:莫尔斯是科学发明的有心人,他从杰克逊的讲话中激发了发明电报的灵感,捕捉到了发明的机会,并坚定不移地走到底,功夫不负有心人,激动人心的时刻终于到来了,至今冠有莫尔斯名字的电报仍传遍世界各地。

但是，滑稽的是讲解电磁新器件的杰克逊，还有众多的从事此项研究的人，都未能发明电报，而让一个美术家摘取了桂冠。

纵观因捕获机会而走上金领之路的人，无不要受到机会的"审查"，"她"每接待一个来访者，总是要先看"介绍信"，然后才确定是否保持"关系"。

也就是说，要想碰上好运气，无后门可走，首先得写好自己的"介绍信"。

很多有诚意的人都十分重视并愿意做到这一点。拿出自己的"介绍信"，创造机会，成就大事业。

德国青年费希特想拜当时著名哲学家康德为师，以求得他的指导。并打算深入地钻研康德哲学。

哪知道，当费希特满怀希望去拜见康德时，康德却异常冷漠，拒绝了他。

费希特失去了一次机会，但他并不灰心，也不怨天尤人，而是从自己身上找原因，心想，我没有成果，两手空空，人家当然怕打搅罗！

我为什么不拿出成果来呢？

于是他埋头苦学，完成了一篇《天启的批判》的论文，呈献给康德，并附上一封信。

信中说：

"我是为了拜见自己最崇拜的大哲学家而来的，但仔细一想，对本身是否有这种资格都未审慎考虑，感到万分抱歉。虽然我也可以索求其他名人函介，但我决心毛遂自荐，这篇论文就是我自己的介绍信。"

康德细读了费希特的论文，不禁拍案叫绝。他为其才华和独特的求学方式所震动，便决定"录取"，亲笔写一封热情洋溢的回信，邀请费希特来一起探讨哲理。

由此，费希特获得了成功的机会，后来成为德国著名的教育家和哲学家。

当年法拉第在书店当装订工时，也不是坐等机会光临的。

当时,英国皇家学会每个星期都要举办科学讲演——戴维的讲演,法拉第从来未放过一次,对他讲的都能听懂,并把所讲的内容全部记录下来,回到家后又进行认真的研究,随后再将戴维的演讲整理成册。

1813 年,法拉第给戴维写了一封请求收留自己当他的助手的信,并将整理的笔记一同寄给了戴维。

戴维从笔记中发现了这个 22 岁青年的非凡才能,才决定推荐他到皇家科学院当实验助理员的。

费希特得以成为康德的学生,法拉第得以成为戴维的助手,这难得的机会是哪里来的呢?

一言以蔽之,是自己填写的"介绍信"争取来的。

拿出自己的"介绍信",总会有机会光临,总会有伯乐赏识,只不过在时间上有早晚,形式上不同罢了。

例如,瑞典科学家阿列纽斯于 1882 年在瑞典科学院物理学家爱德龙德的指导下进行了测定电解质导电率的研究工作。

他把测定结果写成一篇博士论文寄给母校乌普沙拉大学,由于该校学位评议委员会的成员们还不理解论文的深刻意义,因而错误地评为四等。

"四等"就意味着参加博士考试的失败,但是,阿列纽斯在挫折面前没有退却,没有消沉,他将这篇落选的博士论文和一封附信一起寄给德国加里工学院物理化学家奥斯特瓦尔德。

奥斯特瓦尔德仔细地阅读了论文和来信后,被深深地打动了,连呼"真了不起"。

1844 年 8 月,他亲自去瑞典访问了阿列纽斯,对那篇落选的论文给予高度的评价,并代表加里工学院授予他博士学位。

阿列纽斯在此基础上继续努力,1903 年因这一成就获得了诺贝尔奖。

我们要想获得成大事的机会,就应具有真才实学,认真填好自己

的"介绍信",用自己的实际行动去创造机会,一旦有了机会,便可以驾长风而破万里浪。

因此,不要把自己无所作为归咎于没有机会,也不要自以为才华盖世而埋怨不遇良机。

【点　评】

机会是人人有份的,但它并不是无私地给予每一个人,机会偏爱那些有准备的头脑,机会只垂青那些懂得怎样追求她的人。

六、不放弃万分之一可能的机会

欲成大事者应该重视那万分之一的机会,因为它将给你带来意想不到的成功。有人说,这种做法是傻子行径,比买奖券的希望还渺茫。这种观点是有失偏见的,因为开奖券是由别人主持,丝毫不由你主观努力。但这种万分之一的机会,却完全靠你自己的努力去完成。

机会是一个美丽而性情古怪的天使,她倏尔降临在你身边,如果你稍有不慎,她又将翩然而去。

不管你怎样扼腕叹息,她却从此杳无音讯,不再复返了。

机会的把握甚至完全可以决定你是否有所建树,抓住每一个成大事的机会,哪怕那种机会只有万分之一。

美国但维尔地方的百货业巨子约翰·甘布士的经验之谈极其简单:

"不放弃任何一个哪怕只有万分之一可能的机会。"

有不少聪明人对此是不屑一顾的,其理由是:

希望微小的机会,实现的可能性不大。如果去追求只有万分之一的机会,倒不如买一张奖券碰碰运气。根据以上两点,只有傻瓜才会

相信万分之一的机会。但是正是这看似渺茫的万分之一的机会却往往能决定你做事的成败，抓住它你就等于迈进了成功的大门。

有一次，甘布士要乘火车去纽约，但事先没有订妥车票，这时恰值圣诞节前夕，到纽约去度假的人很多。因此火车票很难购到。

甘布士夫人打电话去火车站询问：是否还可以买到这一次的车票？

车站的答复是：全部车票都已售光。不过，假如不怕麻烦的话，可以带好行李到车站碰碰运气，看是否有人临时退票。

车站反复强调了一句，这种机会或许只有万分之一。

甘布士欣然提了行李，赶到车站去，就如同已经买到了车票一样。

夫人问道："约翰，要是你到了车站买不到车票怎么办呢？"他不以为然地答道："那没有关系，我就好比拿着行李去散了一趟步。"

甘布士到了车站，等了许久，退票的人仍然没有出现，乘客们都川流不息地向月台涌去了。

但甘布士没有像别人那样急于往回走，而是耐心地等待着。

大约距开车时间还有 5 分钟的时候，一个女人匆忙地赶来退票，因为她的女儿病得很严重，她被迫改坐以后的车次。

甘布士买下那张车票，搭上了去纽约的火车。

到了纽约，他在酒店里洗过澡，躺在床上给他太太打了一个长途电话。

在电话里，他轻轻地说：

"亲爱的，我抓住那只有万分之一的机会了，因为我相信一个不怕吃亏的笨蛋才是真正的聪明人。"

有一次，但维尔地方经济萧条，不少工厂和商店纷纷倒闭，被迫贱价抛售自己堆积如山的存货，价钱低到 1 美金可以买到 100 双袜子了。

那时，约翰·甘布士还是一家织造厂的小技师。他马上把自己积蓄的钱用于收购低价货物，人们见到他这股傻劲，都公然嘲笑他是个

蠢材!

约翰·甘布士对别人嘲笑漠然置之,依旧收购各工厂和商店抛售的货物,并租了很大的货场来贮货。

他妻子劝他说,不要把这些别人廉价抛售的东西购入,因为他们历年积蓄下来的钱数有限,而且是准备用做子女教养费的。

如果此举血本无归,那么后果便不堪设想。

对于妻子忧心忡忡的劝告,甘布士笑过后又对她道:"3个月后,我们就可以靠这些廉价货物发大财。"

甘布士的话似乎实现不了。

过了10天后,那些工厂贱价抛售也找不到买主了,便把所有存货用车运走烧掉,以此稳定市场上的物价。

太太看到别人已经在焚烧货物,不由得焦急万分,抱怨起甘布士,对于妻子的抱怨,甘布士一言不发。

终于,美国政府采取了紧急行动,稳定了但维尔地方的物价,并且大力支持那里的厂商复业。

这时,但维尔地方因焚烧的货物过多,存货欠缺,物价一天天飞涨。

约翰·甘布士马上把自己库存的大量货物抛售出去,一来赚了一大笔钱,二来使市场物价得以稳定,不致暴涨不断。

在他决定抛售货物时,他妻子又另告他暂时不忙把货物出售,因为物价还在一天一天飞涨。

他平静地说:"是抛售的时候了,再拖延一段时间,就会后悔莫及。"

果然,甘布士的货刚刚售完,物价便跌了下来,他的妻子对他的远见钦佩不已。

后来,甘布士用这笔赚来的钱,开设了5家百货商店,业务也十分发达。

如今,甘布士已是全美举足轻重的商业巨子了,他在一封给青年人的公开信中诚恳地说道:

"亲爱的朋友,我认为你们应该重视那万分之一的机会,因为它将给你带来意想不到的成功。有人说，这种做法是傻子行径，比买奖券的希望还渺茫。这种观点是有失偏见的，因为开奖券是由别人主持，丝毫不由你主观努力；但这种万分之一的机会，却完全是靠你自己的努力去完成。"

不过同时你们也得注意，要想把握这万分之一的机会，必须具备一些必须的条件：

(1)目光长远

鼠目寸光是不行的，不能看见树叶，就忽略了整片森林。

(2)必须锲而不舍

没有持之以恒的毅力和百折不挠的信心是无济于事的。

假如这些条件你都具备了，那么有一天你将成为金领，只要你去付诸行动。

要在商业活动中有所作为，仅靠一味的盲目蛮干是收效甚微的。

【点　评】

不放弃万分之一可能的机会，努力将它变成成大事的珍贵机会，才是成大事者的明智选择。

七、使鱼进入渔网变成一种必然

在生活中捕捉机会，如同撒网捕鱼，有极大的偶然性。所以要成大事就必须设法使鱼进入渔网变成一种必然，即使偶然的成功机会变成必然。

希尔认为，机会是偶然的，把握了偶然的机会，你就成功了；反之，当然归于失败。

我们还是来看一些"一本正经"的例子吧：

美国《妇女家庭》杂志的编辑爱德华·包克，从小就沉浸在一种想法中：立志有一天他要创办一种杂志。

由于他树立了这个明确的目标，所以特别留心每个机会。

有一回，他看见一个人打开一包纸烟时，从中抽出一张纸条，随即把它扔了。包克拾起这张纸条，见那上面印着一个著名女演员的照片，下面有一行字，这是一套照片中的一幅。

包克把照片翻过来，发现它的背面竟然是空白的。

包克立即感到这是个机会。

他推断：如果把印有照片的纸片充分利用起来，在它的背面印上照片上人物的小传，价值就可大大提高。

于是，他走到印刷这种纸烟附件的平板画公司，向经理说明了他的想法。

这位经理立即说道："如果你给我写100位美国名人小传，每篇100字，我将每篇付给你10美元。请你给我送来一些名人的名单，并分为总统、将帅、演员、作家等等。"

这就是包克最早的写作任务。

他的小传的需要量与日俱增，以致他得请人帮忙。

于是他聘请了他的弟弟，付给每篇5美元的稿费。

不久，包克又请了五名新闻记者帮忙。

就这样，包克成了著名的编辑！

偶然的机会，有时就是这样，促使一个人愿望成为现实。

当然，偶然来临的机会写成大事毕竟还是有一段距离。

偶然的机会只是为你提供一个有意义的线索，一种或许可以成为金领的可能。

法国一位总统曾说过："人是有命运的，命运就是一种机会以及捕获机会的能力。"

机会是外在因素，捕获机会的能力就是内在因素。

朋友，你要培养自己的能力，抖擞精神，每天，甚至每时都张开你

欲求成就大事的贪婪的网,等待偶然机会的到来。

也许,就在这时候,你的网中已经有了一尾成功的大鱼了!

我们这里所指的偶然性,是指一种不被你所预测的事,是你所不期望的,是在你所处时代和知识水平上发生的尚不能解释的现象。

这里所指的偶然性,其实也是一种机会。

在科学发展的历史上,由偶然性而导致的科学发明是不计其数的,它甚至成了从事发明创造的一种思维方法。

人们早已发现,大千世界尽管纷繁复杂,千变万化,但又多么对称、和谐、系统,富于规律性。

大至整个宇宙,小至原子,以及复杂奥妙的生物界,无不是有规律地运动、变化着。

而这些发现,雄辩地证明了一个真理:

世界可以认识,规律能够把握,即使机会和灵感、直觉现象也不例外。只要我们愿意去认识它、追踪它,就迟早会迫使它就范,让它在人们面前如实地吐露真情。

机会看来很巧,甚至有点神奇,这不过是它千姿百态的伪装和偶然性所施放的烟雾,然而它并不是虚幻莫测,不可思议的,一旦揭开它的神秘外衣,就不难发现,任何神秘现象的背后都隐藏着幕后指挥者,也就是说,无论何种机会出现,总是有原因、有条件的。

首先应该肯定,机会是长期奋斗的结果,并不是凭空无缘无故产生的,也不是像有的人说的"碰运气"得来的。

机会的表现形式是偶然的、意外的,并带有某种偶然的性质,它是我们应该承认的客观事实。

但是,如果我们只看到它的偶然性,那还只是表面的、片面的认识,因为任何偶然性的背后无不隐藏着必然性、规律性的东西。

必然性一定要通过偶然性表现出来,因而机会也就是表现必然性的一种形式。

波尔多混合液的发明就是这样。

1878年，在法国梅杜克地区，由于流行葡萄霜霉病，严重地影响了该地区的葡萄生产。

然而，在西南部波尔多城的一片靠近马路旁的葡萄却没有得病，而且长势喜人。这个偶然例外，对于葡萄园的主人和专门研究者来说，无疑是一个机会。

波尔多大学教授米勒德特专访了这里的葡萄园主人，得知原来是为了吓唬小偷，在葡萄藤架上喷洒了用石灰和硫酸铜按不同比例配制成的农药，经过试验，发现它不但能防治葡萄霜霉病，还可防治马铃薯晚疫病、梨黑星病等多种植物病害。

事情就是这样巧妙，葡萄园主人为防小偷使用的药，意外地起到防治葡萄霜霉病的作用，这确是偶然的发现。

可是不要忘了，只要把石灰和硫酸铜混合，就必然具有杀菌作用。

不过，这种必然性的作用是通过偶然性的形式表现出来而已。

X射线的发现也是一个例证，这里不再详谈。

由于经常出现那些意外获得机会的现象，人们总结了这种机会所起的重要作用。

首先要随时警觉它的出现，一旦来临，就要抓住它所传递的重要信息和有价值的线索，追根究底。

二是要把相距很远的事物联系在一起思索。

美国发明家威斯汀豪为了创造一种能够同时作用于整列火车的刹车装置，搜索枯肠都未能想出。

后来他在一本杂志上意外地知悉，挖掘隧道时驱动风钻所需的压缩空气能用橡胶软管从800米以外的空气压缩机送来；他从中得到启发，发明了气动刹车装置。

三是加紧在别人不留心的地方做文章。司空见惯的事，一般人有疏忽，大专家、大学者也有疏忽。

法国人李比希是19世纪最杰出的化学家之一，1825年李比希从法国著名化学家盖·吕萨克那里学成归来，年仅22岁，已是台森大学

的教授。

一天,一个制盐工厂的熟人给他送来了一瓶浸泡过某种海藻植物灰的母液,请他分析鉴定其中的化学成分。经过一番处理,李比希从中提炼出某些盐类。

他又将剩下的母液与氯水混合,再加一点淀粉试剂,母液立即呈蓝色,这说明母液中含有碘化物。

第二天一早,李比希又拿起这溶液来看,发现在蓝色的含碘溶液上面还有少量的棕色液层。

这液层是什么?

他并没有进一步深入研究,想当然地断定它是氯化碘,于是马上标签,实验便告结束。

一年以后,一个与李比希同龄的法国青年巴拉,因为家贫,一面在当地学院读书,一面在药学专科学校实验室当助手。

他没有轻信李比希的结论,而对棕色液体进行多方试验,结果发现了一种与氯、碘极为相似的新元素"溴"。

李比希因为想当然,一个重大的发现失之交臂。为了永生不忘这一深刻教训,李比希每当指导学生实验时,就将"氯化碘"标签拿出来,告诫他们不得粗心大意,而应留心意外的发现。

在人的一生中,总会碰到各式各样的偶然性的机会,但是,假如没有平时对知识的积累、辛勤持久的思索,那么,机会即使降临了,也无从知晓,知晓了也不会捕捉利用,所以,人不能把希望寄托在偶然性的机会上。

如果把人的命运比作一个圆弧轨迹,那么偶然性(意外性)的机会就是这个圆弧的外切点,这个圆弧扩得越大,它的外切点就越多。

【点　评】

所以一个人的智能视野越大,碰到的偶然的机会就越多,利用偶然的机会进行创造发明的可能性也就越大。

八、风微知著，发现成功机遇

如果你肯动脑子，任何一件看似平常的事都有其可开发之处，而且很多成大事智慧和发现都来自一些平常的小事，只是有时你没有发现罢了。

"忽略小事的人是不会成大事的"。美国著名的汽车制造公司——福特汽车公司，是以福特的名字命名的。当年的福特大学毕业后，到一家汽车公司应聘，和他同去应聘的三、四个人都比他学历高。他觉得自己没什么希望了，但既然来了，也不能不去一试就打退堂鼓啊。于是，他便敲门走进了董事长的办公室。一进办公室，他发现地上有一张废纸，就弯腰把它捡了起来，顺手把它丢进了废纸篓里，然后走到董事长的办公桌前，说："我是来应聘的福特。"董事长对他说："很好，很好，福特先生，你已经被我们录用了。"福特感到意外，董事长说："前面三位的确学历比你高，而且仪表堂堂。但是他们的眼睛里只能看见大事，而看不见小事。而只能看见大事、忽略小事的人是不会成功的，所以我才录用你。"福特就这样进了这家公司。果然，后来福特干得相当出色，终于坐到了董事长的交椅上。

美国著名的家具经销商尼·科尔斯，一次家中突然失火，几乎烧光了他家里的一切，只有些粗壮的松木，外面烧焦，而木心得以残存。要是一般人，可能在极度的痛苦中将这些废料扔掉完事，但尼·克尔斯却从这些焦木中发现了商机：因为那焦木的旧纹理和特殊的质感使他产生了灵感，他决定要制造以突出表现木纹为特点的仿古家具。

他用碎玻璃片刮去废木上的沉灰，再用细砂纸打磨得光滑润泽，再涂上一层清漆，便显出了古朴、典雅、庄重的光泽和清晰的木纹。就这样，他制造的仿古典木质家具独领潮流，从此生意兴隆。

有人赞叹尼·科尔斯因祸得福，其实不然，只是他能从一件细小的事物中观察和发现，奇迹才会出现。如果换一位不善于思考的人去看那堆燃而未尽的废木头，眼睛看直了也不会发现什么的。我们不光去看还要能有所发现，还要很好地运用智慧去深入思考，有所酝酿，有所感触的同时要做到更深一层地设计发掘，才会有超常规的新发现。

其实世界上很多事情就是这样，如果肯动脑子，任何一件看似平常的事都有其可开发之处，而且很多的智慧和发现都来自一些平常的小事，只是有时你没有发现罢了。那么怎样培养一种能从平常事物中有不平常发现的心态呢？那就是要有一种善于思考的态度，只要勤于思考，仔细观察，就不会让很容易得到的机遇溜走。

美国玩具开发商布·希耐一次到郊外去散步，偶尔看到几个孩子在玩一种又丑又脏的昆虫，且玩得津津有味，爱不释手，他立即联想到儿童玩具市场上所销售和设计的，全都是造型优美，色彩鲜艳的玩具，那么为什么不给孩子们设计一些丑陋的玩具来满足孩子们的好奇心呢？想到这里，他立即安排研制生产，推向市场后，果然反响强烈，供不应求。从此，丑陋玩具在市场上的销售经久不衰。

那么这些人为何会如此聪明，只是灵机一动就能生意兴隆，财源滚滚吗？因为在对刺激产生反应的过程当中，他们的潜在意识十分积极和敏锐，这就证明了人在自信和主动的状态下才会变得聪明能干。也是在这种时候，他们才最具能动性和创造力，而且此时他们也最能很好地发掘自己的潜能和发挥自己的水平。

那么靠的是什么外在力量才使这些得以充分体现呢？是知识，只有掌握充足的知识，才会有智慧，有了智慧，每有发现就会产生联想，由联想而酝酿出的方案就能够走向成功。

【点　评】

在每个人的一生中都有机会成就大事，但是，大多数人都没有抓住机会，因为机会是一些非常细小的苗头，不容易被发现。而那些成功者就能够抓住那些小小的苗头，通过不懈努力发展出宏大的事业。

九、当断则断，快打正着

在机遇面前，如果我们优柔寡断、犹豫不决，就会失去机遇难成大事，因为机遇是不等人的。

世间让人感到可惜的就是那些不能决断的人。事情对他有利时，他不敢拍板，前怕狼后怕虎，这也顾忌那也犹豫。这种主意不定、意志不坚的人，既不会相信自己，也不会为他人所信赖，机遇更不会属于他。

因为不敢决断而失去成大事机遇的事例在我国古代历史上层出不穷，比如韩信就是一例。

楚汉相争的时候，作为第三者的韩信实力最大，他完全能左右楚汉的胜败之局，辩士蒯通便对韩信说："当今楚汉二王的命运操在你的手中，你投靠汉，汉就会胜利；投靠楚，楚就会胜利；我愿对你推心置腹，贡献计谋，对你有极大的好处。眼下，你占据齐国的地盘，如果你从燕赵两地空虚的地方出击，就可以控制楚汉的后方；此时，你满足人民的希望、人民的要求，天下自能闻风而起，都来响应你。顺者则昌，逆者则亡，机遇来了不去把握，自己反而会遭祸殃。希望你慎重考虑！"

依照时局，韩信的势力，足以有称霸的资本。但他对此犹豫不决。几天后蒯通又劝谏说："计谋大事在于时机，错过了时机而能永久处于安稳的地位，少见。在机遇面前要迅速做出决断。犹豫不决，是事业的大害。只看到小小的计谋，却失去了天下的大局面；已看清楚了，却不敢去做，是百事的祸害。骏马局促不前，还不如驽马的安步。虽然有舜禹的智慧，默默不言，还不如聋哑人的手势指点。唉！功劳难成，

却容易毁败;时机难得,却容易失去。时机呀,时机!不会再来了,但愿你细致考虑吧!"

然而韩信仍然在犹豫,他不能下决心背叛刘邦,最后终被刘邦杀害。如果韩信当时听从了蒯通的劝告,鼎足而立,再招揽天下的贤人哲士,收服天下民心,汉室江山就会易主了。

韩信的悲剧在于他对机遇没有充分的认识能力,更没有决断机遇驾驭机遇的能力。

兵家常说:"用兵之害,犹豫最大也。"犹豫不决,当断不断的祸害,不仅仅表现于打仗方面。在现代的商业战略上又何尝不是如此呢?商战之中,机不可失,时不再来,如果犹豫不决,当断不断,那你在商场上只会一败涂地,无立身之处。因此,斩钉截铁,坚决果断,已成当代经营企业家的成功秘诀之一。当然,这里说的是当机立断,首先,指的是认准行情,深思熟虑后的果敢行动,而不是心血来潮或凭意气用事的有勇无谋。宋人张泳说:"临事三难:能见,为一;见能行,为二;行必果,为三。"当机立断的另一方面,并非仅仅指进攻和发展,有时按兵不动或必要的撤退也是一种果敢的行为。

【点　评】

那些成大事的人之所以成功,关键得益于在机遇面前有果敢决断、雷厉风行的魄力。他们有时难免犯错误,但是,他们比那些在机遇面前犹豫不决的人能力强得多,因而他们成功的机会也大得多。

十、在众人面前展露你的才华

成大事者总是习惯在大家看得到的地方工作，并尽力让自己的才华在众人面前"冒尖"。

担任从事多角化经营，旗下拥有数个子公司的美国主要建设公司 Merit Chagman 和 scoet 的副总经理，只有三十二岁的路易斯·M·休待，他对掌握机会的诠释为"替自己的才华安装聚光灯"。他认为人应该在让大家看得到的地方工作，并尽力让自己的才华在众人之中突显出来。对于他这句话，我深有同感。路易斯也指出："现在这个时代，能人辈出。但许多人空有才华而无人赏识，就这样浮浮沉沉地过了一生，令人为之惋惜！"

他则不同，他绝不甘心被人忽视。于是，一开始他便将自己安排在容易掌握机会的地方。为能达成自己的人生计划，首先他在学校里学习法律，一方面他认为以此为业既安全又可靠，另一方面他认为作为一名法学家可以有许多机会在众人面前展露自己的才华。因此，就在这种观念的支持之下，他以十分优异的成绩毕业于佛罗里达州立大学。他的所学没有白费，毕业之后，他便马上进入塔拉哈希市一家法律事务所工作。

关于实务方面，他把积极参与社会活动作为自己的行动方针。没有多久时间，他便得到青年商会、在乡军人组织等团体的认同。

热烈地参与社会活动，使他获得了第一次发展机会。他在事务所工作不到一年的时间，即被塔拉哈希市的人们公认为是最有才华的年轻有为的法学家，因此他在二十四岁就被任命为该市的法律顾问。直至今日，在佛罗里达州，他仍然是年纪最轻的法律顾问。

这项职位,使他在当地的声望愈来愈高,州政府对他也颇为器重。三年后,当他被任命为佛罗里达州饮料局长时,他的第二次发展机会亦翩然降临。此时的他已成为全州人们所瞩目的对象,但他并不以此满足,他知道自己仍然有发展的机会,并深信在周围的人群当中会有人带领他走向事业的另一座高峰。于是,他依然坚持着"观察与被观察"的理论等待机会。

果然不出其所料,在注意他的人群里,美国最成功的年轻实业家之一路易斯·M·沃弗逊也在其中。充满野心的这两个人志同道合,经介绍认识之后,两人很快就变成了好朋友。

三个月后,休特非常自信地告诉沃弗逊说"你恐怕不知道,有一天,我将成为你们那伙人中的一分子。"休特更想像不到的是这一天竟然这么快就来临。三年后,在休特三十岁那年,他被沃弗逊任命为Merit Chapman 和 Scott 公司的助理总经理。这是个旁人求之不得的天大机会,是休特六年来不断让才华暴露在众人眼前的结果。

在沃弗逊的世界里,休特的事业快速成长。一年以后,他成为该公司的副总经理;时隔不久,他又成为经营委员会的一员。现在,他已是沃弗逊的左右手,经营着世界排名数一数二的庞大企业。

路易斯·休特的成功,证明了使自己暴露在公共场合中使自己的才华成为众人有目共睹的事实是多么重要。

卖房子时,你必须登广告寻找好的买主。同样的道理,你也可以为自己做宣传寻找最好的机会。最直接的方法,就是想办法在别人看得到的地方工作,然后让才华倾囊而出,丝毫没有半点隐藏。

无论是迪克·谢勒还是路易斯·休特,他们从不认为自己是天才或超人,而只认为自己不过是将与生俱来的能力发挥到十二分,并且努力勤勉地工作,使上级得以发现到自己的才能,提拔自己,使自己成大事而已。

【点 评】

机会的确有时候会自动降临,但绝大部分都需要自己去掌握。

十一、为你的创意奋力拼搏

如果你肯为自己的创意奋力拼搏,则机会随时都会在你身边。

无论你听过的成大事的故事属于哪一种,一定会发现故事的主人公都是懂得把握机会的人。他们的人生由于充满着冒险奋斗的故事因此才带有浓厚的传奇性色彩。

摩洛·路易上的非凡成就来自二次成功的拼搏,一次在二十岁,另一次在三十二岁。

摩洛在十九岁时随家人一起搬到纽约。在此之前,他的生活已是多彩多姿,比一般人丰富得多。由于家人都爱好音乐,戏剧,在这种环境的熏陶之下,几乎所有乐器摩洛都能演奏。他是一般人眼里的天才儿童,不到十岁,他便指挥过交响乐团;十二岁时,他从事鸡蛋买卖,做得有声有色,雇有十六名少年为他工作;到了十四岁,他独立组织了一支舞蹈团;高中毕业之后,他又投身新闻界担任一名记者,与许多新闻界的老前辈像班·希特、查尔斯、马尔沙等人一起工作;十九岁时,他曾获音乐奖学金。

在纽约,他在 Veiw 广告公司找到一份一周十四美元的差事。针对当时的情景,摩洛曾回忆道:

"那时候我经常跑外勤,工作非常忙碌,成天像发疯似的,日子也过得特别快。六点下班后,我还到哥伦比亚大学上夜班,主修广告。有时候,由于工作尚未做完,所以下课后,我还会从学校赶回办公室继续做未完成的工作,从十一点一直工作到第二天凌晨二点。"

摩洛非常喜欢需要创意的设计工作,而他也的确做得有声有色。

二十岁时,摩洛放弃了在广告公司内颇有发展前途的工作与旁人

梦寐以求的职位而决心自己创业。这便是他人生中的第一次拼搏。他完全投身于未知的世界,从事创意的开发。结果,成绩令人满意。

他的创意主要是说服各大百货公司、CBS电视公司成为纽约交响乐节目的共同赞助人。摩洛本人认为此法十分可行:一方面,当时的百货公司业绩都不好,都希望能借助广告媒体提高形象与销售成绩;另一方面,在纽约,交响乐节目的听众多在一百万人左右,十分值得投资。于是,摩洛便立于其间帮两边拉线。

这种性质的工作对当时人来说相当陌生,所以做起来困难重重,而且,同时说服许多家独立的百货公司,分别采纳各公司的意见而加以整合,这种事过去从未有人完成过,更别说要他们拿出几百万的资金来。所以,一般人预测他不可能成功。

尽管如此,摩洛仍然十分卖力地进行说服工作,他做得相当成功:一方面,他的创意受到认同,使他与许多家百货公司签成合约;另一方面,他向CBS电台提出的企划案也顺利被接受,此后的十个星期,他干劲十足地与电台经理一同展开一连串的广告活动。更值得注意的是,这段期间内他没有任何收入。

计划眼看着就要步入最后成功的阶段,但由于合约内某些细节未能达成而终告流产,他的梦也随之破灭。但"塞翁失马,焉知非福"。此事结束之后,CBS公司马上提出,雇用他为纽约办事处新设销售业务部门的负责人,并支付给他三倍于以往的薪水。于是,摩洛又再度活跃,他的潜力得以继续发挥。此时的他年方二十。

如果你肯为自己的创意奋力拼搏,则机会随时都会在你身边,而摩洛的幸运也同样能在你身上发生。

在CBS服务几年之后,摩洛再度回到广告业界工作,但这次不是从基层做起,而是直跃龙门——他担任华纳影片公司业务的"汤普生智囊公司"的副总经理。他与该公司负责人爱德·沙瑞本是在一次名叫Heart Found慈善运动中结识的。

那个时代,电视处于摇篮期。但摩洛和爱德皆看好它的远景,认

为电视必将飞快发展，大有可为，故二人便专心致力于这种传播媒体的推广。由他们公司所提供的多样化综艺节目，为CBS公司带来空前的大成功。

这便是摩洛人生中的第二次拼搏。为了它，他再次放弃原来可以平步青云的机会，走入另一个未知的世界。但这次冒险并不完全是孤注一掷，他是看准后才押上自己的赌注。最初两年，他仅是纯义务性地在"街上干杯"的节目中帮忙，没想到竟使该节目大受欢迎，时至今日仍是最受欢迎的综艺节目之一。从1984年开始到今天整整40年的时间，它的播映从未间断，这是在竞争激烈的电视界内非常难能可贵的现象。除了节目成功之外，他在1951年被CBS公司任命为所有喜剧和综艺节目的制作主任。

就这样，摩洛的两次冒险、两次游向激流中央最后皆获得了成功，接下来不知他又将游向如何危险的激流当中。在祝福他成功之余，也希望人们都能以他为榜样，积极掌握自己的人生。

摩洛的经验之中的确有许多值得我们学习的地方，但要像他一样成功却不是件容易的事，更不是短时间内便可达成的事。

怎么说呢？"时间"本来就很昂贵，只要你活在世上就要花钱。有了这种认识，想自己创业的人即应趁早准备一大笔资金，一则可免于将来为持家烦恼，二则可使自己的理想较容易实现。这世上，有许多人的计划都是在进行到一半时由于资金短缺而无法达成，各位不妨引以为戒。

资金的张罗与运用必须和每天的消费与自己的收入维持平衡，应做较保守的开支估计，切勿超出自己所能负担的极限。这并不难做到，只要牺牲几次奢侈享受，将省下来的钱存入银行即可。有了资金为后盾，机会来临时，便可自由发挥自己的创意，使自己的理想得以实践，而不致受资金来源的左右。

【点　评】

人生各个阶段当中，最适合冒险拼搏的阶段，就是精力旺盛，对世

界充满好奇,又无负担家计之累的年轻时代。这个阶段若不冲刺,年纪再大一点时恐怕就没有那份冲劲了!

十二、播种机遇,收获成功

机遇是自己播种的,不是天上掉下来的。

在我们的周围,你随处都可看见一些雄心勃勃的渴望成大事的人。有人幻想着自己有朝一日能够暴富,跻身于世界富豪之列;有人幻想自己能够在某个领域大展宏图,成为世界知名人士;有人幻想自己用三年时间就弄个大公司的总经理当当,享受一下成功的滋味;有人买了某种股票,幻想着它每天都来个涨停板,好飞速地成为亿万富翁;……

是的,成功需要幻想,上述种种也不是绝对没有可能。但对我们大多数人来说,要成功需要幻想,同时更要付之于行动,要通过自己的努力工作来实现我们的幻想。如果我们只是沉浸在不切实际的幻想之中,梦想着天上掉馅儿饼,而不是脚踏实地地去学习、工作,只恐怕幻想永远都是幻想,永远也不会变为现实。因为我们的成功哲学是"功夫不负有心人"、"功到自然成",正所谓一分耕耘,一分收获。

蜘蛛为了捕获猎物,总善于先织好网,等待猎物到来。这是把成功的机会掌握在自己的身上,这就是"蜘蛛精神"。

常有人发如此感慨:"如果给我一个机会,我也能……"他们把自己的命运系在一个等来的机会上,他们当然总也不会成功,他们可能至今仍在抱怨自己的命运。

没有人会主动给你送来机遇,机遇也不会主动来到你的身边,只有你自己去主动争取。成大事者的习惯之一是:有机会,抓机会;没有

机会，创造机会。

生活并不缺少机遇，而是缺少发现机遇、抓住机遇的素质。如果有了很高的素质，即使生活没有机遇，也能创造机遇。

同样是两个人，面对同样的状况，一个看到的是"失望"，一个看到的是"机遇"。可见，素质不高的人就是机遇摆在面前也不知道，而素质高的人就连别人看不到的机遇也能发现。生活中许多人总是埋怨没有机遇，实际上该怪自己素质不高。许许多多的机遇就在你的眼前，就看你是否有发现它们的素质。

素质高的人生就一双敏锐的眼睛，时时刻刻洞察着机遇，素质不高的人则恰恰相反。

在美国西部开发阶段，曾经掀起淘金热潮。淘金生活异常艰苦，最痛苦的是没有水喝。人们一面寻找金矿，一面不停地抱怨。

甲嘀咕："谁让我喝一壶凉水，我情愿给他一块金币。"

乙宣布："谁让我痛饮一顿，龟孙子才不给他两块金币！"

丙发誓："老子出三块金币！"

在这种抱怨声中，亚默尔发现了机遇：如果将水卖给这些人喝，比挖金矿更能赚到钱。于是他毅然放弃淘金，用挖金矿的铁揪去挖水渠，将水运到山谷，一壶一壶卖给找金矿的人。

一起淘金的伙伴们都纷纷嘲笑他"不挖金子发大财，却干这种蝇头小利的买卖。"后来，那些淘金的人大多空手而回，很多人甚至忍饥挨饿、流落异乡，而亚默尔却在很短的时间内靠卖水发了大财。亚默尔发财的机遇并不是上帝赐给他一个人的，淘金者都深感没水喝的痛苦，人人都听到了那一片抱怨声，可是他们根本没有意识到这是机遇，甚至还嘲笑亚默尔的做法。生活中类似的事情还有很多很多。人们往往从表面上或者从客观上探寻成功的原因，归之于条件，归之于机遇，而实际上起决定作用的是人的素质。亚默尔正是具有其他淘金者所没有的敏锐的洞察机遇的素质，决定了他能够发现、得到别人得不到的机遇。

大家都看过关于泰森打擂咬耳丑闻的报道。许多人看过去就算了，最多把它作为茶余饭后的谈资而已，谁能意识到这就是个发财的良机呢？想不到美国的一个巧克力商人在咬耳丑闻发生之后，赶紧推出了一种形状像耳朵的巧克力，上面缺了一个小角，象征着被泰森狠咬的那只著名的霍利菲尔德的耳朵，巧克力包装上还是有霍利菲尔德的大照。此举立刻使这个牌子的巧克力备受世人关注，在诸多品牌的巧克力中脱颖而出。这个巧克力商人就这样发了大财。泰森咬耳丑闻，全世界十几亿甚至几十亿人都知道，但是发现这个发财良机的只有这个美国商人。

抓住机遇，首先必须发现机遇。生活中处处充满机遇。社会上的每一项活动，报刊上的每一篇文章，人际中的每一次交往，生活中的每一次转折，工作上的每一次得失等等，都可能给你带来新的感受、新的信息、新的朋友，都可能是一次选择，一次机遇，是一次引导你走向成功的契机，问题在于你自身的素质，在于你是否能发现每一次机遇。不要以为机遇难寻，其实机遇就在我们的身边，甚至就在我们的手上。

也许你不信，你会问机遇究竟是什么呢？实质上机遇是一种有利的环境因素，让有限的资源，发挥无穷的作用，借此更有效地创造利益。具体地说，在特定的时空下，各方面因素配合恰当，产生有利的条件；谁人最先利用这些有利条件，运用手上的人力、物力，从事投资，谁就能更快、更容易获得更大的成功，赚取更多的财富。这些有利条件便是机遇。

对于发展者来说，机会有三项要素，即资源、利益和条件的配合。

资源包括个人的知识、技能、人际关系的技巧、智慧、财富、胆量等等，也包括机构或企业的人才、资本、科技、设备、现有的产品或服务等。

利益是机会的主要内容，也是创造机会的主要目标。一种条件如果不能为人们带来利益，那就不是机会。利益可以是金钱的收入、名誉的提升、形象的建立或改善；而建立声誉和形象最终也会带来金钱

的收入。利益在不同行业里各有不同的具体表现，例如，酒店业要求客房的入住率保持高水平，百货业要求货品流通迅速。而扩大市场占有率、提高利润、降低成本等，是各行各业同样的追求。

条件的配合是指客观环境和创造机遇者的主观条件互相配合。首先是客观因素的变化，造成有利的投资环境。例如经济复苏，人口激增，可用的土地有限，造成地价急涨，这是把资金投入地产市场的有利环境。其次是指创造机遇具备足够的条件去利用这个有利的环境，例如买地、发展土地所需的资金、技术、人才等，以及发展者个人的眼光、胆识和决断力等。最后是指主、客观因素刚好配合，例如，在地价快要急涨时，先已预见这个趋势，又具备投资的各项条件。

现在，停止抱怨，仔细看看你周围到底有没有机遇。

假如你希望成就大事，就要为它创造条件。

成功者查理如是说："我能确切地告诉你，因为这似乎就发生在昨天。在大学读书期间，我与一个从衣阿华州来的同学同住一间寝室。一天晚上，当我们一伙人团团围坐闲谈时，他走了进来。我敢说他很兴奋，但是在大家离开前他没说什么。人们刚走，他就禁不住脱口而出："我家发财了！我的母亲今晚打电话给我，说今天早晨，她去信箱取邮件时，发现一张票额 89000 美元的支票。"

最初的惊奇之后，我的反应是难以掩饰的嫉妒。我向他了解事情的全部经过。

他说："我了解的也不够确切，但是我猜测是这么一回事：我父亲在 30 年代经济萧条时买了一些股票，后来全忘了。最近这公司正好拍卖了，这钱就是他的股份。"

这位成功人士继续说："那个晚上我躺在床上，很久睡不着，在想：'为什么这事发生在他家里，而不是我家里？为什么是他得到了钱而不是我得到了钱？'最后，我试图系统地分析这件事。"

"我想：在我的生活中有什么机会可能给我带来这样一笔横财呢？我悲哀地意识到什么机遇也没有。我没有能涨值的股票，而且，据我

所知,我家也没有。我既没有一块或许会突然发现储藏石油的土地,也没有可能被证明是名作的藏画;我也没有什么才能能让人在一个夜晚奇迹般地发现了,从而一举成名——我没有任何能使我马上发迹的东西。躺在床上,我默默告诫自己:'查理,假如你希望在你的生活中也获得那样的机遇,你必须播种,而且最好多播种,因为你尚不清楚哪一粒种子会发芽。'从那以后,我一直在播种。有几粒种子已发芽了,因此我才有今天这样的境况。"

这就是成大事者。他们通过播种,在自己的生活中取得成功。俗话说"种瓜得瓜,种豆得豆"、"一分耕耘,一分收获",如果你想体味收获的喜悦,那么不要羡慕别人的运气,以后你想得到什么,现在就开始为将来的收获播种吧。常言说:"与其临渊慕渔,不如退而结网"。播种机会就像蜘蛛布下八卦阵般的蛛网一样,捕捉飞来的猎物将是指日可待。

【点　评】

天上掉馅儿饼的事情的确可能会有,但它不一定偏偏就掉在了我们头上。要想成就大事,只有辛勤地去耕耘、去工作。

十三、做有心人,抓住平凡的机会成就不平凡

如果你想成大事,就必须研究你自己和你自己的需要,做个有心人。不要等待千载难逢的机会,要用点"心计"去抓住平凡的机会并使之不平凡。

机会,在我们的周围到处都有。自然界的力量愿为人类服务。千百

年来，闪电一直未引起人类对电的注意，后来终于发现电原来可以替我们完成那么多枯燥乏味的工作，从而使我们抽出身来开发上帝赋予的能力。潜在的能力到处都有，专等有“心计”的人去发现。

首先观察世人有何需求，然后去满足这一需求。一个善于观察的人发现自己的鞋跟被拉了出来，因为买不起一双新鞋，便思忖：“我要做个可以镶到皮革里的带钩的金属圈。”当时他贫困潦倒，连割房前的草都要向别人借镰刀，而就靠这项小发明他成了一位富翁。

新泽西的纽瓦克有一位善于观察的理发师，他觉得理发的剪刀有待改进，便发明了理发推子，由此发了大财；缅因州有位男子不得不帮助卧病在床的妻子洗衣服，他感到传统的洗衣方法既耗费时间，又消耗体力，便发明了洗衣机，这样他也成了富翁；有一位先生受尽牙痛之苦，心想应该有一种方法把牙塞上来止痛，便发明了黄金塞牙法。

成就大事业或有重大发明创造的人并非财大气粗之辈。第一台轧棉机是在一个小木屋里制造出来的；美国第一艘汽船是由费奇在费城一座教学的祭具室组装起来的；麦考密克在小磨房里研制出著名的收割机；第一个干船坞模型是在一间阁楼内制作的；位于马塞诸塞州沃塞斯特的克拉克大学创办者克拉克靠着马厩里制作玩具马车开始发财；爱迪生早在作报童时，就已藏在行李车厢内开始了他的实验。

米开朗琪罗在佛罗伦萨街边的垃圾堆里捡到一块被人扔掉的克拉拉大理石，这块大理石是被一个不熟练的工人在切割过程中损坏的。无疑也有其他艺术家注意到了这块品质优良的大理石，但因其被损坏，所以只剩下了痛惜。只有米开朗琪罗看到这块废弃的大理石中的天使，用凿子和锤子创作出人类历史上一件最优秀的雕像——《年轻的大卫》。

帕特里克·亨利年轻时被人视为懒惰的废物，务农、经商均一事无成。他学习了六个星期的法律便挂出营业招牌，在打赢第一场官司后，他终于觉得自己即使在家乡弗吉尼亚也能获得成功。英国当局通过印花税条例后，亨利被选入弗吉尼亚州议会，提出了反对这一不公平征税的法案。他终于成为美国最出色的演说家。

伟大的自然哲学家法拉第是铁匠的儿子，年轻时写信给汉佛里·戴维，申请在英国皇家学会谋职。戴维就此咨询了一位朋友："这有一封名叫法拉第的年轻人来的信，他一直在听我的课，想让我为他在皇家研究院找个工作，我该怎么办？""怎么办？""让他去刷瓶子，他要是能有什么出息，就会立即去干；他要是不会有出息，就会拒绝。"这位年轻人在工作中曾利用抽出来的时间在药房的顶楼内用旧坩埚和玻璃瓶做实验，由此看来，刷瓶子的工作也有机会，而正是这样的机会使他终于成为伍尔维奇皇家学会教授。廷德尔谈起这位年轻人时说："他是人类历史上最伟大的实验哲学家。"法拉第成为那个时代的科学奇人。

有一个传说，讲的是一位艺术家一直想找一块檀香木用来雕刻圣母像。就在他近乎绝望，以为自己的构思即将落空时，他做了一个梦，梦中被吩咐用一块烧火用的橡木雕刻圣母像。醒来后他立即照办，用一段普通的木柴创作出一个雕刻史上的杰作。许多人一心想找到檀香木用来雕刻，因此错过了许多宝贵的机会，实际上，我们用烧火用的普通木材就可以创作出杰作。有人虚度人生，从来看不到成就一番大事业的机会，而有人却站在旁边，在同样的条件下发掘机会，取得辉煌的成绩。

我们不可能人人都像牛顿、法拉第或爱迪生那样有伟大的发现，也不可能像米开朗琪罗或拉斐尔那样有传世之作，但我们可以抓住平凡的机会并使之不平凡，进而使我们的人生变得更壮丽。

如果你想成大事，就必须研究你自己和你自己的需要，你会发现千百万人也有同样的需要。

成功与失败只有一线之隔，不经意中我们就会跨过界线，其实我们也常常站在这条界线上，自己却浑然不知。多少人只要他们再付出一点努力，再多一点耐心，就会取得成功，而在这紧要关头他们却主动放弃了。

那些失意的人，那些遭贬斥的人，可能认为机会永远失去了，自己永远也站不起来了，要是他们知道反向思维的力量，也许他们轻而易举地重新开始。

"能不能穿过那条小路?"拿破仑问那些从可怕的圣伯纳德关隘探路归来的工程师。"也许能。"他们吞吞吐吐地回答，"在可能的范围之内。""那么就前进。"这位矮个子男人全然不听他们所描述的种种不可逾越的困难。英国人和奥地利人对他要翻过阿尔卑斯山的想法嗤之以鼻，因为"没有车轮从那里碾过，也不可能从那里碾过"，更何况这是一只6万人的队伍，拖着笨重的大炮，成吨的弹药和行李以及大量的军需品。

当这项"不可想象的"壮举被完成后，人们才意识到这项壮举在很久以前就应该能完成。从前，将军们总是借口说这些困难是不可逾越的，而不去克服困难，还有许多人虽有充足的补给，顽强的战士和必需的工具，却唯独缺乏拿破仑的气魄和决心。

【点 评】

不要等待千载难逢的机会，而应抓住平凡的机会成就不平凡。

十四、狠抓机会，让你心想事成

机会对任何人都是均等的，差异只在于"狠"与"不狠"。谁"狠"，谁就先得益，反之，就会两手空空。

时下，经济运行体制在走向市场经济，告别计划经济。但长期以来形成的产品经济模式和官商经营作风，仍像幽灵一样纠缠着许多经营者。致使许多企业内部人员缺乏灵敏的市场触觉，不能把握变幻莫测的市场动态，决策时犹豫不决，不敢"狠"，决策之后又办事拖拉，不

能"狠";有时由于企业的"婆婆"多,要左请示,右汇报,一个决策要经过没完没了的讨论研究和批准;也有一些企业家目光短浅,不肯吃眼前的小亏,这样往往坐失良机。

人们明白,时光不会倒流。"时间就是金钱",在激烈的市场竞争中,虽已成为老生常谈,却是铁的原则。

机不可失,时不再来。商战中,有"心计"的经营者总感觉到,机遇总是那么来去匆匆,一闪即逝。商战机遇不能停留,不能重演,一旦失去,无法补偿,无法追回。

《韩非子》一书中,有一则"郑人卖豕"的故事,就是描写郑国一个商人由于不懂抢时间做生意的道理,把一桩好买卖白白丢掉的经过。它从反面论证了"商贵神速"的道理,同时也说明缓慢拖沓的严重危害。

一次,一位郑人前去离家较远的集镇上卖猪。当他走到时,已是红日西坠,暮色苍茫了。恰好有一个收购毛猪的商贩见到他赶着一群猪从街头走到客店门前,心想买猪的生意来了,如能马上成交这笔生意,明日就能赶回家中,还误不了拿到早市去贩卖。猪贩子急忙找到卖猪人进行洽谈。哪料想卖猪人见有人来买猪,却十分生气地嚷起来:"你这伙计好不懂事,我从很远的地方来这里,天又这么晚了,哪里有功夫和你说话呢?"说着,狠狠地瞪了猪贩子一眼。猪贩子再三央求卖猪人:"生意人的目的是为了成交买卖,哪里还能分天色早晚!"但郑人仍毫不理会这一套,气呼呼地把猪赶进了客店。结果,一桩到手的生意硬是让他给蹬去了。至于猪进了店需要花费多少店钱和饲料,他却压根儿也没想一想。

做生意的目的,是为了尽快把商品推销出手,加速资金周转,多赚钱。拖延一天时间,就会多占压一天资金。商品长期压在手中,资金则会减少生息。郑人由于时间观念淡漠,不了解时间在经商中的重要作用,更不会用时间去实施竞争战术,他甚至抹杀了时间和经营的关系,把卖猪与时间早晚对立起来。就这样,找上门来的买卖被他一阵

吹胡子瞪眼给搅黄了。

有丰富实践经验的生意人是绝不会这样愚蠢的,他们把争取时间作为在竞争中取胜的一大法宝。故事中那位猪贩子似乎很懂得快购快销的"狠"劲可以尽早生利的道理。他早一点买进,就可以赶早市,等于争取了一天时间,也等于资金周转加快了一天。利润率是与资金周转成正比的,周转快则利润就高,加快一天周转,就等于多赚了一天的资金利息。快购快销具有推动资金增值的神奇力量。

上面提到要快速而又心"狠"地抓住有利的销售时机,这种销售时机,对生意人来说就是讲一种机遇。机遇是乔装的财神,它会迎面而来,也会擦肩而过。要觉察它,却不那么容易,必须培养敏锐的洞察力,具备了这种能力,才能准确地抓住机会。

"他的运气比我好。"看到别人事业发达,人常常为自己的不景气而发出这样的喟叹。事实上,问题不在于机遇不垂青于他,而在于他缺乏一种灵敏攫取的意识,贻误了时机,以致抱恨终生。

在商场上,时机对于任何人,都是一视同仁的,而人对时机的利用则不尽相同。有人视而不见,无动于衷;有人见之不放,机遇独得;有人优柔寡断,坐失良机;有人伺机奋起,一鸣惊人。其关键还在于如何捕捉时机,能不能利用时机。

不过,时机的显露常常是朦胧而模糊的,唯有目光敏锐的人,才能透过现象看到本质,抓住拓展事业的绝好机会。反过来说,正是因为时机不易判断和把握,也才给精于此道的人带来大发利市的机会。如果人人都看得出,拿得准,那也就不叫什么时机了,至少坐失良机的人也少了。认准了,就千万不要放过。

商战如兵战。经营者在风云变幻的商海竞争中,一旦时机到来,就必须当机立断,该攻就攻,甚至要连续攻击;该收场就收场,哪怕是匆匆忙忙。当断不断,该及时收而不收,不该攻时而攻,不该收场时收了场,同样会遭到损失。商战的残酷,客观上要求经营者对世态商情作清醒判断,当机立断,不允许拖拖拉拉而坐失良机,更要求经营者是

一位观察家，第一素质就是眼力。这不仅表现在对市场风云变化的直觉上，而且体现在运筹帷幄决胜千里的韬略中。欲想商战获胜，就要善择良机，就要随时把握客观形势及其各种力量的对比变化，透过现象看本质。抓住机会才能心想事成。

【点　评】

每一个商战机会，都伴随着一定的时效性，所以精明有"心计"的经营者一旦发现这样的机会，就会以最快的速度、最"狠"的手段开发它，利用它。

十五、"狠"抓机遇：利用废物也能发家

善于抓住机会的猎鹰，可以捕捉到野兔；善于把握机会的人，可成大事。

作为一个欲成大事的企业管理者要想使自己经营的事业赢得市场，就必须使自己的"生意"给人们带来利益。凡是能给人们带来利益，提供服务的"生意"应该说是有市场的。那么怎样为人类提供一种服务，带来一些利益呢？用浅野总一郎的话说就是利用一切东西。世界上没有一件无用的东西，经营者想经营企业都必须学会"善假于物"。

日本水泥大王，浅野水泥公司的创建者浅野总一郎，他23岁时穿着破旧不整的衣服，失魂落魄地从故乡富士山走到东京来。因身无分文，又找不到工作，有一段时间每天都陷在半饥饿状态之中。"干脆卖水算了。"他灵机一动，便在路旁摆起了卖水的摊子，生财工具大部分

都是捡来的。"来，来，来，清凉的甜水，每杯1分钱。"浅野大声叫喊。果然，水里加一点糖就变成钱了。头一天所卖的钱共有6角7分。这最简单的卖水生意使这位吃尽千辛万苦的青年，不必再挨饿了。浅野日后成为大企业家，就是由于他对任何事都能够好好地加以利用。也就是说：人在困境时是一个绝好的机会，反而能给予他一个转机，使他涌上来无比的勇气，使他更加聪明，更加能勇往直前。浅野又说："在这个世界上没有一件无用的东西，任何东西都是可以利用的。"浅野卖了两年水，25岁时已赚了一笔为数不少的钱，于是开始经营煤炭零售店。30岁时，当时的横滨市长听到浅野很会使无用的东西产生价值，就召见他说："你是以很会利用废物闻名的，那么人的排泄物你也有办法利用吗？"浅野说："收集一两家的粪便不会赚钱，但是收集数千人的大小便就会赚钱。"市长问："怎么样收集呢？"浅野说："做个公共厕所，我做给你看，好不好？"这样，浅野就在横滨市设置63处日本最初的公共厕所，因而他就成了日本公共厕所的始祖。厕所做好之后，浅野把汲粪便的权利以每年4000日元的代价卖给别人，两年后成立了日本最初的人造肥料公司。也许你会感到震惊，设立日本最大的水泥公司——浅野水泥公司的资金，是从这些公共厕所的粪便上赚来的！

【点　评】

没有长远眼光的人只会盯着黄金、白银做发财的美梦，而具有战略性眼光的浅野总一郎抓住眼前切实的时机，开垦发展事业的沃土，终于成就了自己的辉煌。

潜规则八：韬光养晦 成大事大智若愚

聪明是一笔巨大的财富，也是成大事的最大资本。真正的聪明不是居功自傲、自以为是的张扬，而是深藏不露、韬光养晦的明智。《阴符经》说："性有巧拙，可以伏藏。"它告诉我们，善于伏藏是制胜的关键，一个不懂得伏藏的人，即使能力再强，智商再高也难以战胜对手。同样一个不懂得韬光养晦、藏巧于拙的人，往往因锋芒毕露、大愚若智而最终难成大事，甚至还会引来祸端。

一、莫耍小聪明

有人大智若愚，同样也有人大愚若智，区别在于是否有自知之明。一个人不自我表现，反而显得与众不同；不自以为是，反而会超出众人；不自夸成功，反而会成就大事，这就是大智若愚。那些盲目自傲、不宽容、耍小聪明、固执己见、自以为是、好大喜功的人在任何一方面都难成大事，这便是大智若愚。

成大事的人知道聪明是一笔财富，关键在于怎么使用。真正聪明的、有智慧的人会使用自己的聪明和智慧，即做到深藏不露，不到火候时不会轻易使用，要貌似平常，让人家不眼红你，最终达到成大事之目的。最忌一味地耍小聪明，不管必要或不必要，不管合适不合适，时时处处显露精明，那样不仅不会帮助取得成大事，反而会成为招灾引祸的根源。

在从政的过程中，在出将入相的过程中，切忌只知伸，不知屈；只知进不知退；只知耍小聪明，不知深藏于密；只知自我显示，不知韬光养晦。西方有这样一种说法：法兰西人的聪明藏在内，西班牙的人的聪明露于外。前者是真聪明，后者是假聪明。

在政治谋略中，“小聪明，太糊涂”是万万要不得的。而杨修恰恰是犯了这个错误才做了曹操的刀下之鬼。

杨修是曹营的主簿，他在《三国演义》一书中，是很有名的思维敏捷的官员和有名的敢于冒犯曹操的才子。

刘备亲自打汉中，惊动了许昌，曹操也率领40万大军迎战。曹刘两军在汉水一带对峙。曹操屯兵日久，进退两难，适逢厨师端来鸡汤。见碗底有鸡肋，有感于怀，正沉吟间，夏侯敦入账禀请夜间号令。曹操

随口说："鸡肋！鸡肋！"人们便把这作号令传了出去。行军主簿杨修即叫随行军士收拾行装，准备归程。夏侯镍大惊，请杨修至帐中细问。杨修解释说："鸡肋者，食之无肉，弃之有味。今进不能胜，退恐人笑，在此无益，来日魏王必班师矣。"夏侯谟也很信服，营中诸将纷纷打点行李。曹操知道后，怒斥杨修造谣惑众，扰乱军心，便把杨修斩了。

原来杨修为人恃才旷物，数犯曹操之忌。曹操兵出潼关，到蓝田访蔡邕之女蔡琰。蔡琰字文姬，原是卫仲道之妻，后被匈奴掳去，于北地生二子，作《胡笳十八拍》流传入中原。曹操深怜之，派人去赎蔡琰。匈奴王惧曹操势力，送蔡琰还汉朝。曹操把蔡琰许配董祀为妻。曹操一日去访蔡琰，看见屋里悬一碑文图轴，内有"黄绢幼妇，外孙虀臼"八个字。曹操问众谋士谁能解此八字，众人都不能答。只有杨修说已解其意。曹操叫杨修先勿说破，让他再思解。告辞后，曹操上马行三里，方才省悟。原来此含隐语"绝纱好受"四字。曹操也是绝顶聪明的人，却要行三里才思考出来，可见急智捷才远不及杨修。

曹操曾造花园一所。造成后曹操去观看时，不置褒贬，只取笔在门上写一"活"字。杨修说："门内添活字，乃阔字也。丞相嫌园门阔耳。"于是翻修。曹操再看后很高兴，但当知是杨修析其义后，内心已忌杨修了。又有一日，塞北送来酥饼一盒，曹操写"一盒酥"三字于盒上，放在台上。杨修入内看见，竟敢来与众人分食。曹操问为何这样？杨修答说，你明明写"一人一口酥"嘛，我们岂敢违背你的命令？曹操虽然笑了，内心却十分厌恶。曹操怕人暗杀他，常吩咐手下的人说，他好做杀人的梦，凡他睡着时不要靠近他。一日他睡午觉。把被蹬落地上，有一近侍慌忙拾起给他盖上。曹操跃起来拔剑杀了近侍。大家告诉他实情。他痛哭一场，命厚葬之。因此众人都以为曹操梦中杀人，只有杨修知曹操的心，于是便一语道破天机。凡此种种，皆是杨修的聪明犯着了曹操：杨修之死，植根于他的聪明才智。

杨修终于结束了他聪明的一生。他的聪明，大智者看来，其实只是小聪明，大愚蠢。大智者能心里明白而不随便表露出来，绝不表现

得比别人聪明。如果杨修知道他的聪明会给他带来灾祸，他还会耍小聪明吗？所以他的愚蠢处就是不知道耍小聪明几乎一定会带来灾祸。这样的人算聪明吗？显然不算。多少年中，他被提拔得很慢，显然是曹操不喜欢他的缘故，这他没有意识到。曹操对他的厌恶、疑心越来越深，他也没有意识到，这就是说，该聪明时他反倒真糊涂起来了。如果他迎合曹操，不表现他的小聪明，那么他很可能会成功的。人们也许会说，杨修的死，关键在于曹操的聪明和多疑，但是，换了谁，作为上级也不大愿意让部下全部知道他的心思，他的用意。显然，杨修最终非失败不可，这可算是"聪明反被聪明误"的典型。罗贯中说他"身死因才误，非关欲退兵"，也只是说对了一半。他的才太外露了，从谋略来看，尚不是真才，不是大才，至少他不知道韬光养晦，不知道大智若愚，不知道保护自己，那么，除了灾祸降临，他还会有什么结果呢？曹操是何等聪明之人，在他跟前，笨蛋当然不会受到重用，才能太露也有"功高盖主"之嫌，所以，真正聪明的欲成大事的人会掌握"度"。"过犹不及"，就是说，太聪明了反倒不如不聪明，实在是至理名言啊！

明代大政治家吕坤以他自己丰富的阅历和对历史人生的深刻洞察，提出了"古今得祸，精明人十居其九"的结论。他在《呻吟语》中说了一段十分精辟的话："精明也要十分，只须藏在浑厚里作用。古今得祸，精明人十居其九，未有浑厚而得祸者。今之人唯恐精明不至，乃所以为愚也。"

译成今天的话就是：精明还是非常需要的，但要在浑厚中悄悄地运用。古往今来得祸的人绝大多数都是精明的人，没有因浑厚而得祸的。现在的人唯恐不能精明到极点，这就是之所以愚蠢的原因啊！

耍小聪明的人有两种灾祸，一个是被人猜忌防范而招祸，一个是自己会把事情办坏而难成大事。它可以使人得意于一时，获得心理上的满足，然而终究还是自毁，永远不会取得真正的、伟大的成功。一个欲成大事的从政人员若耍小聪明就会早早被扼杀在摇篮里，一个处处被人防范的人怎么能真正取悦于上司和同事？又怎能成就一番大事业？

因而，凡欲成大事的人要从杨修之死中吸取深刻的教训以警戒自己：

其一，才不可尽露。杨修是绝顶聪明的人，也算爽快，且才华横溢，其才盖主。这恰恰犯曹操的大忌。孰不知，有些帝王将相是不喜欢别人胜过自己的。而杨修却恃才放旷，无所顾忌，碰上曹操这个生性多疑的"奸雄"，能不碰壁吗？

其二，人不可耍"小聪明"。杨修的确很聪明，他能聪明得看透别人看不到的许多东西，能猜透别人猜不透的许多东西。然而，他又太愚蠢了，愚蠢得不知道如何保护自己，终于，他的表面的聪明使他愚蠢地走上了绝路。他小聪明的过分外露，他小聪明无节制的滥用，注定了他在尔虞我诈的官场，成不了大气候。注定了他在通向权力的道路上成为失败者。

【点　评】

成就一番辉煌伟业，一要虚心谨慎，切忌恃才放旷，无所顾忌；二要胸有成府，千万不要出不必要的风头，耍小聪明。

二、喜怒不可形于色

成大事者要记住喜怒不可形于色，喜怒形于色，等于时刻把自己的心态和计划告诉别人。

不同的人有不同对人对事的态度，掌握一定权力的人，把自己的喜怒经常流露给下级，下级则会投其所好，而掩盖事物真正的本质。普通人过于直率地表露自己的情感，则显得为人肤浅，也容易开罪于人。所以要忍耐住自己的情绪，不要过多地暴露出来，对你成大事极

有好处。

西汉时的窦婴,是孝文帝皇后哥哥的儿子。汉武帝建元二年,他被封为魏其侯,他喜欢蓄养宾客,天下的游士都归奔他。当时,桃侯刘舍被免去宰相的职务,太后多次向皇上说窦婴:“魏其侯喜欢沾沾自喜,行为不定,很难担当得起宰相的责任。”于是最终没任他为相。

晋朝的谢安,孝武帝时任尚书和太保。太元八年,后秦的苻坚入侵晋国,谢安派他的侄子谢玄去退敌,在淝水把秦军给打败了。捷报传来,谢安依然神情自若地和客人下围棋。客人走后,谢安走进屋里,过门槛时,却因高兴过度,把木鞋的齿都折断了。喜怒都是人类的情感。当人受到不公正的待遇时,怒自然而然产生了。发怒不仅伤身,在为人处事的过程中,一个易发怒的人难成大事。历史上也有不少因发怒而给自己或他人造成巨大损失的例子。当然任何事物有利则有害,有弊也有益,怒有害于身心健康,有害于友情,有害于事业,但它也有有利的一面。《独异志·华佗》中记述了华佗给一位郡守看病,诊脉之后,没有给他开任何药方,而是历数该人的罪责和过错,把郡守大骂了一顿,拂袖而去。郡守大怒,气荡胸腹,誓不饶华佗,不想一怒之下,吐出了大量黑血,过了一段时间,病反而好了,这才知华佗医术之高,是用激怒之法,治好了郡守的病。

怒计在兵法中也常常使用。东汉光武帝建武5年,命令王霸和捕虏将军马武率兵攻打驻守在垂惠的豪强周建,苏茂则率几千人增援周建,另外派精良的部队去堵截马武的粮队。马武只好前去救粮,周建则出城与苏茂联手夹击他,马武自恃有王霸的救援,作战不精心也不卖力,结果战败。马武的兵士跑到王霸那里去求援,王霸却说:“现在敌军士气高涨,我要出兵,还不是和你们一样惨败?你们回去凭自己的力量去死命抗战吧。”王霸闭门困守,就是不派援兵,这一下可激怒了马武和他的队伍,他们严加修整,准备再战。而王霸的将士们不愿让马武的部队孤军奋战,纷纷向王霸请战,王霸则自有其道理:“苏茂部队兵精将良,作战英勇,我军将士对此都有恐惧之感,而马武和援军

相互依赖，互相指望，不能一心一意奋勇作战，必败无疑。现在我军拒而不援，马武因为没有援军，反而增强了战斗的勇气，我们再共同作战，才能胜利。”王霸激怒了马武，也才使他们赢得了胜利。

只要善于引导，怒也可助人成就大事，所以对怒我们也要具体问题具体分析才行。

身居高位的人，凡事不能容忍，动辄发怒，那么就会迁过于下面的人；如果在下位的人，不顾礼义，却逞强发怒，一定会冒犯上位的人。只要有一方不知制怒，而轻易发作的话，后果都是贻害更多的人。

唐太宗贞观2年，河南有个叫李好德的人有精神病，常乱讲一些妖言，皇帝下令大理丞相张蕴古去察访此事。张蕴古察访后上奏折说李好德确实有病，而且有检验结果，不应当抓起来。后来有人上书弹劾张蕴古，说他是相州人，而李好德的哥哥李厚德是相州刺史，所以说是张蕴古讨好顺从他，考察之情也不会是实事求是。皇帝很生气，在街上把张蕴古杀了。后来才知道张蕴古是冤枉的，皇帝暗地里很后悔。

由于自己一时的怒气，不详细核实，不作认真细致的调查，就草菅人命，唐太宗也过于轻率了。这是不忍怒气的后果，人一发怒，出于一时的激愤，做事就有可能过火，等到认识问题的严重性，为时已晚。就在同一年里，又有一次，唐太宗又因为瀛洲刺史卢祖尚文武双全，廉直公正，征召他进朝廷，告诉他：“交趾久久没有得到适当的人去管理，现在需你去镇抚。”卢祖尚行礼感谢后出来，不久就感到后悔，他托病推辞。皇上派杜如晦等人宣读诏书，卢祖尚坚决推辞，皇上非常生气，说：“我派人都派不出去，还怎么处理政务？”下令把他杀了，但很快又感到后悔。魏征对他说：“齐文宣帝要任青州长史姚恺为光州刺史，姚恺不肯去。文宣帝气愤地责备他，他回答说：‘我先任大州的官职，只有功绩并没有犯罪，现在却让我担任小州的官职，所以我不愿意去。’文宣帝就饶了他的死罪。”唐太宗说：“卢祖尚虽然有失臣子的礼义，我杀了他也太过分，由此看来，我还不如文宣帝呢。”马上命令追复卢祖

尚荫庇子孙任官的权利。

唐太宗认识到了自己做事因怒不忍，过于急躁，连杀了两位臣子，悔恨之意溢于言表。尽管他知错能改，但毕竟有些事情是无法补救的。正是出于怒能造成严重的危害，所以古今中外许多人都下功夫去研究制怒的办法。很多人发现制怒的唯一良方是忍。在一般的情况下，人们应该抑制愤怒情绪的发作，以利自身健康，以利团结他人，以利相安和谐，以利国家社会安定，以利事业发展。纵观天下成大事者均是喜怒不形于色之人，若一时气怒，不仅伤身，还会为日后成大事设下重重"关卡"。

【点 评】

在这复杂的社会中成就大事，如果太轻易暴露自己的情感则容易受到伤害，人应该学会保护自己。

三、不动声色达目的

处世的方式多种多样，归纳起来不外乎两种，一种是外露型的，一种是隐忍型的。

外露的处世者一般生性耿直，心直口快，有啥说啥，眼里装不进一粒沙子。这种人自然不失为热心肠，花花肠子少，不记仇，不整人，但缺少婉转回旋，尤其是在机智上稍逊风骚。隐忍的处世者显得深沉许多，心里装得住货，喜怒不形于色，比较圆通。能屈能伸。这种人通常不动声色，让人防不胜防，被人称作为狡猾。

然而，在现实生活中，并没有谁标榜自己的个性是外露还是含蓄，也不可能随便给谁贴上标签。相反，大多数人却在追求"二合一"式的为人规范。给人留下直爽印象的人，骨子里可能隐藏着什么不便明言

的小秘密，而那些让人老觉着阴险的人，则可能张口就称自己是个直肠子。其实，这就是一种深藏不露的处世哲学。

一个能成大事者必懂得韬光养晦，深藏不露的哲学。为达目的"忍辱负重，卧薪尝胆"。

中国古代帝王隋炀帝就是这样一个深藏不露，善于伪装自己的处世高手。

隋炀帝杨广在登基前本是隋文帝的次子，文帝内定的接班人原是杨广的同胞哥哥皇太子杨勇。为了夺取太子之位，将来做隋朝第二代皇帝，杨广可谓煞费心机。

作为隋朝的开国皇帝，杨坚珍惜国力，崇尚节俭。他的妻子独孤皇后深得文帝宠信，政见常与文帝相和，宫中称为"二圣"。她有两大特点：一是节俭，反对奢侈；二是嫉妒，反对男人纳妾，尤其反对男人与妾生养子女。这是一个具有奇异癖好的女人，不但自己吃醋，也为别的女人吃醋。

太子杨勇是一个大而化之的花花公子，疏阔豪爽，不注意小节。老娘独孤皇后最讨厌男人有姬妾，杨勇偏偏有很多姬妾，而且生有很多子女，以致妻子郁郁而死。老爹杨坚最讨厌大臣花天酒地，杨勇偏偏喜欢音乐歌舞，饮宴达旦。这些本都是小的缝隙，但已够杨广有计划地楔入。杨广妻子萧妃一个人，仅此一点就使老娘高兴。其实，杨广同他哥哥一样，也是个纨绔子弟，声色之徒，但他在父母面前将这些斑斑劣迹统统掩盖起来。每逢父母来他家，他都将娇妾、美姬藏于密室，只留老丑者穿上普通衣服侍候在自己左右。他还撤去华美的屏帐，改用廉价的素缣，弄断乐器的丝弦，使其落满厚厚的尘土；更甚者，掐死庶出子女，以示只和正妻生儿育女。从而显示自己处处以父母为榜样，勤俭持家，不近声色。杨坚夫妇见状不由大喜。老夫妇每派人到儿子们那里，杨勇只把他们当仆人看待，杨广却不然，他和妻子一定双双站到门口，亲自迎接，致送厚礼，于是老夫妇耳畔听到的全是赞扬杨广的声音。杨广出镇江都，每次入朝辞行时，都痛哭流涕，依依不

舍，父母看儿子如此孝心，也流下眼泪，不忍他远离膝下。杨广知识程度很高，有很好的文学素养，待任何人都很诚恳，很谦虚有礼，尤其曲意结交政府重要官员。表现出具有肝胆相照、义薄云天的英雄性格，和救国救民的圣贤抱负。他节俭、朴实、谦恭、虚怀若谷、好学不倦、礼贤下士、不爱声色犬马——集人类美德于一身。

一切布置成熟后，杨广便把“诬以谋反”的法宝罩到杨勇头上，杨坚下令把杨勇贬为平民，囚禁深宫，改立杨广当皇太子，杨广终于如愿以偿地实现了自己的阴谋。

几年后，杨广隐藏已久的狐狸尾巴终于露了出来。当父亲病危，杨广被召入宫中侍奉时，他内心的兴奋使他无法再继续控制自己，不久就对老爹最宠爱的陈夫人垂涎三尺。一天，乘着陈夫人换衣服的时候，上前一把抱住。陈夫人挣扎逃掉，杨坚看她神色仓皇，问她怎么回事，她垂泪说：“太子无礼”。杨坚大怒，但此时已后悔莫及。杨广不久就派亲信闯入宫中将病重的文帝杀死。

杨广杀父后的第一件事就是找他的美丽庶母陈夫人睡觉，第二件事就是派人驰赴长安把他那已经罢黜的哥哥杨勇杀掉。杨广从开始采取夺嫡行动，到他行凶之日，历时十四年，在这段漫长岁月中，一直保持伪装，真是一件不容易的事。而杨广竟做得天衣无缝，可见他具有绝顶的聪明才能。当然他的行为是不值得我们提倡的，但从另一个角度来看，一个人必须在适当的时候把握好藏与露的关系。何时当露锋芒，是没有一定之规可循的，只有相机而动，任时而出，如此才能成大事，否则只会碌碌无为，一事无成。

民国骁将蔡锷将军，在与袁世凯斗智中，把韬光养晦这一谋略运用得十分娴熟。袁世凯窃取革命果实后，想拉态度暧昧的蔡锷入伙，便以组阁为由，召其进京。蔡明知是调虎离山之计，却毅然离滇北上。面对袁的笼络，蔡抱着放弃的态度，整天饮酒狎妓，在八大胡同流连忘返。尽管如此，袁仍不放心，每天都要派密探监视蔡的行踪。不久，袁氏称帝，蔡内心作痛却不动声色，也腼然劝进，晓谕部下拥戴帝制。蔡

还整天与袁氏帮凶六君子、五财神、八大金刚等人周旋，甚至帮助筹备登基大典。袁氏疑虑稍减，而拿出巨款收买蔡锷。蔡暗中把钱存下以作日后大举经费，表面上更是沉溺于酒色，还经常留宿名妓小凤仙之处，甚至为口角闹到法庭要与夫人离婚。这下子，袁世凯放心了，把密探全部撤掉了。对此，蔡锷仍无什么反应，反而整日忙于广置田产，修造房屋，收集古玩，连公府召见也难得一见蔡将军的影子。一天傍晚，蔡锷在小凤仙的住所举行宴会，遍请六君子、五财神等高朋好友，席间歌声笑语，丝竹齐鸣，加上猜拳行令，谑浪欢呼，一派花天酒地之象。蔡将军大饮大嚼，兴致欲狂，终于酩酊大醉，呕吐狼藉，来宾们也都酒意十足，畅然散去。次日天未破晓，小凤仙推醒蔡锷说："时间已经到了。"蔡将军霍然而起，悄然离去，赴天津，去日本，转道海上至云南。至云南独立，其他各省继起响应，人们方才领会其韬光养晦之计。

蔡锷将军之所以纵情声色，购置田产，与妻子离婚等等，都不过是故意掩饰自己的真实面目，麻痹老奸巨猾的袁世凯，以为脱身反袁做掩护。对此，老奸巨猾的袁世凯毫无察觉，等蔡锷达到目的后，袁氏梦醒无奈，徒然幡悔。

【点　评】

懂得韬光养晦，尤其在为人处世中擅长掩藏自己并伪装自己的人，最为可能成就大事。

四、藏巧之功

凡成大事者在大功重赏面前，或身居高位之后，要善于“藏巧”，切莫锋芒太露，妄自尊大，以免引火烧身。

一个人拥有高智商，固然是件好事，可以说，这是上天赐予的良好天赋。有了它，便可以在竞争社会中如鱼得水，游刃有余。

然而，由于事物的复杂多样，环境的不断变异，在某些时候，利与弊会不知不觉地转换。这样，就要求我们必须随时以清醒的头脑了解自己和周围环境，掂量你的利和弊，而不是一味地以一般的经验办事。

《阴符经》说：“性有巧拙，可以伏藏。”它告诉我们，善于伏藏是制胜的关键。一个不懂得伏藏的人，即使能力再强、智商再高也难以战胜对手，甚至还会招来杀身之祸。

而伏藏又可分为两层：一是藏拙，这是一般意义上的伏藏，也是最常用的。藏住自己的弱点，不给对方可乘之机；而另一种，也是更高明的——“藏巧”。

下面这两个故事就是“藏巧”的范例。

汉高祖时，吕后采用萧何之计，谋杀了韩信。高祖正带兵征剿叛军，闻讯后派使者还朝，封萧何为相国，加赐五千户，再令五百士卒、一名都卫做相国的护卫。

百官都向萧何祝贺，只有陈平表示担心，暗地里对萧何说：“大祸由现在开始了。皇上在外作战，您掌管朝政。您没有冒着箭雨滚石的危险，皇上却增加您的俸禄和护卫，这并非表示宠信。如今淮阴侯(韩信)谋反被诛，皇上心有余悸，他也有怀疑您的心理。我劝您辞掉封赏，拿出所有家产去辅助作战，这才能打消皇上的疑虑。”

一语惊醒梦中人。萧何依计而行，变卖家产犒军，高祖果然高兴，疑虑顿减。

这年秋天，黥布谋反，高祖御驾亲征，此间派遣使者数次打听萧何的情况。回报说："正如上次那样，相国正鼓励百姓拿出家产辅助军队征战呢。"

这时有个门客对萧何说："您不久就会被灭族了！您身居高位，功劳第一，便不可再得到皇上的恩宠。可是自您进入关中，一直得到百姓拥护，如今已有十多年了，皇上数次派人问及您的原因，是害怕您受到关中百姓的拥戴。现在您何不多买田地，少抚恤百姓，来自损名声呢？皇上必定会因此而心安的。"

萧何认为有理，又依此计行事。

高祖得胜回朝，有百姓拦路控诉相国。高祖不但没有生气，反而高兴异常，也没对萧何进行任何处分。比起萧何来，王翦更胜一筹。

战国末期，秦国老将王翦率领六十万秦军讨伐楚国，秦始皇亲自到灞上为王翦大军送行，王翦向秦始皇提出了一个要求，请求秦始皇赏赐给他大量土地宅院和园林。

秦始皇很不明白王翦的意思，不以为然地说："老将军只管领兵打仗吧，哪里用得着为贫穷担忧呢？"

王翦回答说："当国王的大将，往往立下了赫赫战功，却得不到封侯。因此，趁着大王还宠信我的时候，请示大王赏给我良田美宅，好作为我的子孙的家产。"

秦始皇听后觉得这点要求微不足道，便一笑了之。

王翦带领军队先进函谷关，心里还惦记着地产的事，接连几次派人向秦始皇提出赏赐地产的要求。

王翦手下的将领们见他率兵打仗还恋恋不忘田宅，觉得不可思议，便问他说："将军如此三番五次地恳请田宅，不是做得太过分了吗？"

王翦答道："不过分，秦王这个人生性好猜疑，不信任人，现在他把秦国的军队全部让我统领，我不借此机会多要求些田宅，为子孙们今

后自立做些打算，难道还要眼看他身居朝廷而怀疑我有二心吗？”

第二年，王翦率领的军队攻下了楚国，俘获楚王负刍。秦始皇十分高兴，满足了王翦的请求，赏给他不少良田美宅、园林湖池，将他封为武成侯。

【点 评】

保存你的能量是一种藏巧。在大多数的情况下，才不可露尽，力不可使尽。即若有知识，也应适当保留，这样，你会加倍地完善。永远保存一些应变的能力。适时救助比全力以赴更值得珍贵。深谋远虑的人总能稳妥地驾驭航向，最终成就一番大事。

五、藏巧于拙，用晦而明

古云：鹰立如睡，虎行似病，正是它攫鸟噬人的法术。故君子要聪明不露，才华不逞，才有胜任重负的力量。这可以形象地诠释“藏巧于拙，用晦而明”这句话的具体含义。

一般说来，人性都是喜直厚而恶机巧的，而胸怀大志的人，要达到自己的目的，成就大事业，没有机巧权变，又绝对不行，尤其是他所处的环境并不尽如人意，那就更要既弄机巧权变，又不能为人所厌恶，所以就有了鹰立虎行如睡似病，藏巧用晦的各种做人的方法。

安禄山做杨贵妃的干儿子就是个例子。

还有一种正面的“拙行”。如唐初的重臣李勣，本是李密的部下，随主投于李渊父子的麾下。此时天下大势已趋明朗。李勣懂得只有取得李渊父子的绝对信任才有前途，于是他把“东至于海，南至于江，西至汝州，北至魏郡”的所据郡县土地人口图派人送到关中，当着李渊的面献给李密，说既然李密已决心投降，那我所据有土地人口就应随

主人归降，由主人献出去，否则自献就是不道德r行为。

李渊在一旁听了，十分感慨，认为李勣能如此尽忠故主，必是一个忠臣。李勣归唐后，很快得到了李渊的重用。但是李密降唐后又反唐，事未成而“伏诛”。

按理说，一般的人到了这个时候，避嫌犹恐过晚，但李勋却公然上书，奏请由他去收葬李密——唯其“公然”，才更添他的“高风亮节”，假设偷偷摸摸，则可能会产生相反的效果。“服壤经，与旧僚使将士葬密于黎山之南，坟高七仞，释服散。”这纯粹是做给活人看的。表面看这似乎有碍于唐天子的面子，是李勣的一种愚忠，实际李勣早已料到这一举动将收到以前献土地人口图同样的神效。果然“朝野义士”，公推他是仁至义尽的君子。从此李勣更得朝廷推重，恩及三世。

李勣取的是一种“负负得正”的心理效应，迎合了人们一般不信任直接对己的甜言蜜语而相信一个他与别人相处时表现出来的品质——即侧面观察的结果，尤其是迎合了人们普遍地喜爱那种超脱于常人最易表现出的忘恩负义、趋吉避凶、奸诈易变的人性弱点而表现出来的具有大丈夫气概的认同心理，看似直中之直，实则大有深意，是“藏巧于拙”成大事的典型。

李白有一句耐人寻味的诗，叫“大贤虎变愚不测，当年颇似寻常人”，则揭示了另一种意义上的保藏用晦的做人法。这是指在一些特殊的场合中，人要有猛虎伏林蛟龙沉潭那样的伸屈变化之胸怀，让人难预测，而自己则可在此间从容行事。

元末的朱元璋在攻占了南京后，因为群雄并峙，为了避免因崭露头角而成为众矢之的，他采用耆老朱升的建议，以“高筑墙，广积粮，缓称王”的策略赢得了各个击破的时间与力量，在众人的眼皮底下暗渡陈仓，最后吞并群雄当上了大明皇帝。

【点　评】

事成于密，败于疏，做到在众人眼皮底下暗渡陈仓，乃是成大事的上乘功夫。

六、牛不低头饮不着水

中国人历来提倡“以忍为上”，“忍”不是懦弱，不是胆小，恰是一种博大的胸怀，目的是为“以屈求伸”，此乃成大事的必备素质。常言道：牛不低头饮不着水，要修得秘密之身，成就大事，须悟一悟牛低头饮水的道理。

我们不妨做这样一个假设：你和别人开车相撞，对方的车只是“小伤”，甚至可以说根本不算伤，你不想吃亏，准备和对方理论一番，可对方车上下来四个彪形大汉，个个横眉怒目，围住你索赔，眼看四周荒僻，也无公用电话，更不可能有人对你伸出援手。请问，你要不要吃“赔钱了事”这个亏呢？

你当然可以不吃，如果你能“说”退他们，或是能“打”退他们，而且自己不受伤！

如果你不能说又不能打，那么看来也只有“赔钱了事”了。你说他们蛮横无理也罢，欺人太甚也罢，但你应该明白，在人性丛林里，是不太说“理”这个字的！优胜劣汰，适者生存，哪有什么理可说呢？因此，眼前亏不吃，换来的可能是一顿拳打脚踹或是车子被砸坏。报警？人都快被打死了，还报警？报警也不一定有用啊！

可见，“低头”的目的是为了生存和实现更高的目标，如果因为不低头而蒙受巨大的损失，甚至把命都丢了，哪还谈得上未来和成大事？

可是有不少人，会为所谓的“面子”和“尊严”，甚至为了所谓的“正义”与“公理”，而与对方搏斗，有些人因此而一败涂地，元气大伤。

汉朝开国名将韩信是“低头”的最佳典型，乡里恶少要他爬过他们的胯下，不爬就要揍他，韩信二话不说，爬了。如果不爬呢？恐怕一顿

拳脚，韩信不死也只剩下半条命，哪来日后的统领雄兵，叱咤风云？他吃眼前亏，为的是以屈求伸，为的就是留得青山在，不怕没柴烧啊！

所以，当你碰到对你不利的环境时，千万别逞血气之勇，也千万别认为“可杀不可辱”，宁可吃吃眼前亏。

与韩信同时代的张良也是一位善于“低头”的人。

张良原本是一个落魄贵族，后来作为汉高祖刘邦的重要谋士，运筹帷幄之中，辅佐高祖平定天下，因功高被封为留侯，与萧何、韩信一起共为汉初“三杰”。

张良年少时因谋刺秦始皇未遂，被迫流落到下邳。一日，他到沂水桥上散步，遇一穿着短袍的老翁，近前故意把鞋摔到桥下，然后傲慢地差使张良说：“小子，下去给我捡鞋！”张良愕然，不禁拔拳想要打他。但碍于长者之故，不忍心下手，只好违心地下去取鞋。老人又命其给穿上。饱经沧桑、心怀大志的张良，对此带有侮辱性的举动，居然强忍不满，膝跪于前，小心翼翼地帮老人穿好鞋。老人非但不谢，反而仰面长笑而去。张良呆视良久，老人又折返回来，赞叹说：“孺子可教也！”遂约其5天后凌晨在此再次相会。张良迷惑不解，但反应仍然相当迅捷，跪地应诺。

5天后，鸡鸣之时，张良便急匆匆赶到桥上。不料老人已先到，并斥责他：“为什么迟到，再过5天早点儿来。”第三次，张良半夜就去桥上等候。他的真诚和隐忍博得了老人的赞赏，这才送给他一本书，说：“读此书则可为王者师，10年后天下大乱，你用此书兴邦立国；13年后再来见我。我是济北毂城山下的黄石公。”说罢扬长而去。

张良惊喜异常，天亮看书，乃《太公兵法》。从此，张良日夜诵读，刻苦钻研兵法，俯仰天下大事，终于成了一个深明韬略、文武兼备、足智多谋的“智囊”。

现实生活是残酷的，很多人都会碰到不尽如人意的事情。残酷的现实需要你对人俯首听命，这样的时候，你必须面对现实。要知道，敢于碰硬，不失为一种壮举。可是，胳膊拧不过大腿。硬要拿着鸡蛋去

与石头斗狠，只能算作是无谓的牺牲。这样的时候，就需要用另一种方法来迎接生活。

【点 评】

古人说：“小不忍则乱大谋。”坚韧的忍耐精神是一人个性意志坚定的表现，学会忍耐、婉转和退却，可以获得无穷的益处，“低头做人”被一切真正的成功人士奉为圣经。

八、深藏不露是关键

当然，“自贬”需要脸厚，必要时甚至还要“装傻充愣”，即使受到羞辱，脸上也绝对不能有一丝一毫的不满流露，甚至还要作出满心欢喜的样子。

安禄山就是个非常善于“深藏不露”的高手。为了“起事”，在长达十年的时间里，安禄山故意装出一副痴直和笃忠的样子，赢得唐玄宗百般信任，对他毫不防备。

公元743年，安禄山已任平卢节度使，入朝时玄宗常常接见他，并对他特别优待。安禄山竟乘机上奏说：“去年营州一带昆虫大嚼庄稼，臣即焚香祝天；我如果操心不正，事君不忠，愿使虫食臣心；否则请赶快把虫驱散。下臣祝告完毕，当即有大批大批的鸟儿从北飞下来，昆虫无不毙命。这件事说明只要为臣的效忠，老天必然保佑。应该把它写到史书上去。”

如此谎言，本来十分可笑，但由于安禄山善于逢迎，脸皮已厚至无形，唐玄宗竟然信以为真，并更加认为他憨直诚笃。

安禄山是东北混血少数民族人，他常对玄宗说：“臣生长若戎，仰蒙皇恩，得极宠荣，自愧愚蠢，不足胜任，只有以身为国家死，聊报皇

恩。”玄宗甚喜。有一次正好皇太子在场，玄宗与安禄山相见，安故意不拜，殿前太监大声呵斥道：“安禄山见殿下何故不拜！”安禄山假意惊叫道：“殿下何称？”玄宗微笑说：“殿下即皇太子。”安禄山又假装不明白似的问道：“臣不识朝廷礼仪，皇太子又是什么官？”玄宗大笑说：“朕百年后，当将帝位托付，故叫太子。”安禄山这才装作刚刚醒悟似的说：“愚臣只知有陛下，不知有皇太子，罪该万死。”并向太子补拜，玄宗感其“朴诚”，大加赞美。

公元 747 年的一天，玄宗设宴。安禄山自请以胡旋舞呈献。玄宗见其大腹便便竟能作舞，笑着问：“腹中有何东西，如此庞大？”安禄山随口答道：“只有赤心。”玄宗更高兴，命他与贵妃兄妹结为异姓兄弟。安禄山竟厚着脸皮请求做贵妃的儿子。从此安禄山出入禁宫如同皇帝家里人一般。杨贵妃与他打得火热，玄宗更加宠信他，竟把天下一半的精兵交给他掌管。

安禄山的叛乱阴谋许多人都有察觉，一再向玄宗提出。但唐玄宗被安禄山“深藏不露”的假象所迷惑，将所有奏章看作是对安禄山的妒忌，对安禄山不仅不防，反而予以同情和怜惜，不断施以恩宠，让他由平卢节度使再兼范阳节度使等要职。

安禄山见计策得手，唐玄宗对他已只有宠信毫不设防，便紧接着采取“乘疏击懈”的办法，搞突然袭击，燃起了“安史之乱”的大火。他的战略部署是倾全力取道河北，直扑东西两京长安和洛阳。

这样，安禄山虽然只有 10 余万兵力，不及唐军一半，但唐的猛将精兵，皆聚于西北，对安禄山毫不防备，广大内地包括两京只有 8 万人，河南河北更是兵稀将寡。且和平已久，武备废弛，面对安禄山一路进兵，步骑精锐沿太行山东侧的河北平原进逼两京，自然是惊慌失措，毫无抵抗能力。因而，安禄山从北京启程到袭占洛阳只花了 33 天时间。

不过，唐朝毕竟比安禄山实力雄厚，惊恐之余仓促应变，在潼关阻挡了叛军锋锐，又在河北一举切断了叛军与大本营的联系。然而无比

宠信的大臣竟突然反叛，令唐玄宗无比震怒，深感刺伤自尊心，变得十分急躁。而孙子曰："主不可以怒而兴师，将不可以温而致战。"唐玄宗已失去了指挥战争所必需的客观冷静，愤怒焦急之中，忘记了当时最需要的就是先稳住阵脚，赢得时间，待"勤王"之师到达后一举聚歼叛军，而是草率地斩杀防守得当的封常青、高仙芝，并强令哥舒翰放弃握关天险出击叛军，哪有不全军覆灭一溃千里的呢？

无独有偶，懂得装疯卖傻、深藏不露之道的人，在崇尚直来直去的西方也同样存在。莎士比亚的名剧《哈姆雷特》中讲了这样一个故事：有一个丹麦王子在见到冤死的父王的鬼魂之后，被神灵告知其母后与接替王位的叔父有奸情，叔父谋害了自己的父王。得知真情的哈姆雷特异常震惊，言谈举止之间自然露出了疑惑，他突然的反常变化被敏感的叔父发觉，本来就做贼心虚的叔父害怕阴谋被揭露，便想用对付老国王的方法对付王子，找机会害死哈姆雷特。

此时，哈姆雷特的处境非常险恶，稍有不慎，即会招致杀身之祸。为了赢得时间和机会，揭露阴谋，为死去的父王报仇，他含羞忍耻，装成疯子，整天在宫廷内外游荡，说些谁也听不懂的疯言痴语。但实际上他却在细心地观察着身边的一切，甄别善恶，区分真伪，随时为复仇做着准备。

他的计划成功了！篡权的叔父放松对这个"疯"王子的戒备，哈姆雷特终于得以在关键时刻挺身而出，揭穿了一场宫廷大阴谋，杀死了敌手。虽然哈姆雷特最后也死于剑下，但他装疯卖傻的韬光养晦之计谋却取得了成功。

【点　评】

要想成大事须懂得在为人处世中通过自贬来抬高别人，从而往往效果奇佳。

八、锋芒不可太露

有些人可能喜欢平淡从容，有些人可能喜欢锋芒毕露。而我们发现踏踏实实的人很容易与人共处，而锋芒毕露的人则没有什么太好的人缘。人缘可不是小问题，它的好坏直接影响着你能否成就大事。

凡事都有两重性，即好的一面和不好的一面。同一件事，若从好的方面去理解，便是一件好事；但若从不好的一面去理解，便是一件坏事。人缘的作用正在于此，它有时可以使坏的变好，也可以使好的变坏。假如你人缘好，那么你每做一件事，别人都会津津乐道，即使你做错了事，冒犯了别人，别人也会善意理解你的过错。生活在如此宽松和谐的环境里，你心理没有负担，处处可以尽情尽兴。但如果你人缘不好，那么你每做一件事别人都会鸡蛋里挑骨头，更不要说做错事，冒犯别人了，即使你处处谨慎小心，事事正确，别人也会不以为然，不拿正眼看你。生活在如此冷漠的环境里，你会觉得自己是一个多余的人，不要谈什么欢乐和幸福了。好人缘的人脚下的路有千万条，反之，便只剩下一座独木桥了。而要想有个好人缘，就不要锋芒毕露，咄咄逼人。

很多时候，我们面对的不一定是大是大非的原则问题，没必要针锋相对。退一步别人过去了，自己也可以顺利通过。宽松和谐的人际关系，可以给我们带来很多方便，又避免了许多麻烦。假如你胸怀鸿鹄之志，可以一心一意去积蓄力量；假如你只想做普通人，可以活得从从容容，逍遥自在。可进可退，两头是路，何乐而不为？

或许你会说这样是过于世故，过于圆滑了吧！你也许要说这不是压抑人的个性自由发展吗？其实不然，这里所说的收敛实际上是保护

个性健康发展，成就大事的一条捷径。

有多少人由于年轻气盛，爱出风头而处处碰壁，为了适应社会，不得不磨平棱角，令锐气殆尽，最终还是一事无成。有句话不是说“好刀出在刃上”吗？一个人的锋芒也应该在关键时候、必要的时候展露给众人，那时人们自然会承认你确实是一把锋利的宝刀。而不是时不时地拿出来挥舞一番，直杀得别人片甲不留方才甘心。刀刃需要长期的磨砺，只图一时之快，不懂保养，只会令其钝化。

大文豪萧伯纳赢得很多人的尊敬仰慕。据说他从小就很聪明，且言语幽默，但是年轻时的他特别喜欢崭露锋芒，说话也尖酸刻薄，谁要是被他评价一句话，便会有体无完肤之感。后来，一位老朋友私下对他说：“你现在常常出语幽默，非常风趣可喜，但是大家都觉得，如果你不在场，他们会更快乐，因为他们比不上你，有你在，大家便不敢开口了。你的才干确实比他们略胜一筹，但这么一来，朋友将逐渐离开你，这对你又有什么益处呢？”老朋友的这番话使萧伯纳如梦初醒，他感到如果不收敛锋芒，彻底改过，社会将不再接纳他，又何止是失去朋友呢？所以他立下宗旨，从此以后，再也不讲尖酸的话了，要把天才发挥在文学上，这一转变造就了他后来在文坛上的地位。

这个例子告诉我们，平时锋芒毕露会使我们众叛亲离，走进死胡同，而适当地收敛锋芒，将才华用到有用的大事上，积蓄力量，必然能成就一番大事。

与“锋芒毕露”相对，我们提倡“沉默是金”。一些年轻人到了新单位后，就不分场合地大发议论，无节制地说三道四，大有“初生犊不怕虎”的精神，但是这种锋芒毕露很可能会使比较主观的领导和同事觉得你傲慢、偏激而产生对你的不良印象。再说信口开河的浅薄和浮躁也是在损害你的形象。你不如保持适当的沉默，这是谦虚友好的表示，也是一种自信和力量的体现，将你的锋芒在工作中显露，以出色的工作成绩和谦逊的作风赢得声誉。

【点　评】

你要是比别人聪明，不一定必须张扬着让他人知道，时间会证明一切的，“是金子总是要发光的”。收敛锋芒，韬光养晦，使你在与人共事时留下较大的回旋余地，是一种必要的自我保护，也是成大事的资本。

九、虚晃一招，退中求胜

日本某公司与美国某公司进行一次技术协作谈判。日本公司与美国公司采取了两种不同的谈判方式。谈判伊始，美方首席代表便拿着各种技术数据、谈判项目、开销费用等一大堆材料，滔滔不绝地发表本公司的意见，完全不顾日本公司代表的意见。而日本公司代表则一言不发，仔细听并埋头记着。当美方讲了几个小时之后，征询日本公司代表的意见时，日本公司代表此刻显得迷迷惘惘，混沌无知，反反复复地说“我们不明白”，“我们没做好准备”，“我们事先也未搞技术数据”，“请给我们一些时间回去准备一下”。第一次谈判就这样不明不白地结束了。

几个月后，第二轮谈判开始了，日本公司以上次谈判团不称职为由，撤换了上次的谈判代表团，另派代表团到美国谈判。他们全然不知上次谈判中的结果，一切如上一次谈判一样，日本人显得在这个谈判项目中准备不足，最终还是日本公司以研究为名结束了第二次谈判。

几个月后，日本公司又如法炮制了第三次谈判。这样，美国公司老板大为恼火，认为日本人在这个项目上没有诚意，轻视本公司的技术和基础，于是就下了最后通牒：如果半年后日本公司仍然如此，两国公司的协定将被迫取消。随后美国公司便解散谈判团，封闭所有的技

术资料，以逸待劳，等待至少半年后的最后一次谈判。

没料想，几天后，日本便派出由前几批谈判团的首要人物组成了庞大的谈判团飞抵美国，美国公司在惊愕之中仓促上阵，匆忙将原来的谈判团成员召集起来。这次谈判日本人一反常态，他们带来了大量可靠的数据，对技术、合作分配、人员、物品等一切有关事项都做了相当精细的策划，并将协议书的拟稿交给了美方代表签字。这使美国人迷惘了，最后勉强签了字，当然其中所规定的某些条款要明显倾向于日方。显然日本人是在了解美方的意图后，一鼓作气制定了详细的方案，趁美国人放松警惕的时候，突然出击，取得了决定性的胜利。

巴斯四兄弟是美国沃思堡市的亿万富翁，他们个个都是谈判的高手，他们常常施展计谋，玩弄花招，使对方放弃抬高价格的想法，掌握谈判的主动权。

1981 年，巴斯兄弟想买下行将破产的皮尔公司。他们的兄弟对皮尔公司非常感兴趣，但是他们压抑住迫不及待成交的心情，在谈判时对皮尔公司的董事们说："对你们的公司，我们很想拥有所有权，遗憾的是我们只能出到这个价格。我想，你们在其他的地方或许能找到更好的买主。"

接着，巴斯兄弟将对皮尔公司可能感兴趣的投标者名字一一告诉他们。最后，巴斯兄弟说："如果你们同其他投标者谈判破裂，没有其他选择的话，就回头找我们。"

结果，巴斯兄弟如愿以偿。这笔生意按他们的设想成功了。巴斯兄弟事后对朋友说："谈判时不要把迫不及待的心情溢于言表，而要装出漫不经心的样子。做生意好比追女人，当你追她时，她会扬长而去；而当你后退时，她却会跟着你走。"

【点　评】

做生意如同追女人，你进时她退，而你退时她则进。欲成大事者有必要对此作深刻研究。

十、糊涂谋略，隐中取胜

成大事者在特定的时刻给人的印象是表面混沌无知、糊里糊涂，实则冰雪聪明，心里透亮。

春秋时期，越王勾践兵败国亡，忍辱负重到吴国去做吴王夫差的奴仆，他故作顺服，并为夫差尝粪识病，换得人身自由。勾践回国后发愤图强，“十年生聚，十年教训”，最后灭吴复国。

勾践与孙膑，表面上装疯装痴，碌碌无为，以掩盖内心的政治抱负，避免政敌对自己的警觉和迫害。

三国时的司马懿，也是使用大智若愚之术的高手。在形势对己不利时，司马懿就假装衰志病笃，使曹爽丧失警惕性，以为司马懿已不能构成对自己的威胁，没有诛杀。

在现代，有许多时候、许多场合也需要人们精明其内而愚呆其外，虽是足智多谋，却又深藏不露。大智若愚的计谋也为我们进行经营提供了启示：宁可假装不知道竞争对手的敌意或市场对自己不利，而不行动，也不要假装知道而轻举妄动。应当暗中筹划准备，不露声色。

1955 年，包玉刚成立了环球航运公司，花了 337 万美元，买了一艘已经使用了 27 年的旧货船，开始了经营船队的生涯。

当时世界航运界通行按照船只航行里程计算租金的单程包租方法，世界经济又处于兴旺时期，单程运费收入高，一条油轮跑一趟中东可赚 500 万美元。

包玉刚却不为暂时的高利润所动，坚持他一开始就采取的租金低，合同期长的稳定经营方针，避免投机性业务。这在经济兴旺时期不免被认为是“愚蠢之举”。

许多同行都劝包玉刚不要犯傻，改跑单程，包玉刚却大智若愚，因为他明白，靠高额运费收入的再投资根本不可能迅速扩充船队。要迅速发展必须依靠银行的低息长期贷款，而要取得这种贷款，必须使银行确信你的事业有前途，有长期可靠的利润。

于是他把买到的第一条船以很低的租金长期租给一家信誉良好、财务可靠的租船户，然后凭这长期租船合同向银行申请长期低息贷款。正是靠这种稳定经营方针，包玉刚只用20年时间，就发展成为拥有总吨位居世界之首的远洋船队，登上世界船王的宝座。究其成功，还真得归功当初的大智若愚的远见卓识了。

【点　评】

藏巧于拙是大智若愚的最高境界，若能有实力坚持自己的糊涂，才能做到虚而实之，实而虚之，无谋而谋，无为而为的智慧和谋略。

十一、蒙蔽对手，伺机啟

刘备，字玄德，涿郡涿县（今河北涿县）人，汉中山靖王刘胜之后。好结交豪侠，与关羽、张飞结拜。因镇压黄巾起义有功，授安喜尉。后投靠公孙瓒，代领豫、徐两州牧。建安元年（公元196年）冬，袁术与吕布联合进攻徐州，刘备战败，失去了栖身之地，只得前往投奔曹操，随曹操回到许都。汉献帝认他为刘皇叔，封为左将军，宜城亭侯。曹操对他礼遇备至，出同车，坐同席。可是曹操把刘备带到许昌的真实目的是要控制刘备。因为刘备是汉室宗亲，有相当的号召力，又有关羽、张飞等猛将辅佐，一旦放虎归山，怕后患无穷。但又不能杀掉他，怕给自己加上妄杀名士的罪名，所以只能软禁。

当时汉献帝眼见曹操越来越飞扬跋扈，心中大为不满。遂密写一诏书，置于衣带内，赐予国舅董承。诏中要董承纠合忠义两全之士，伺机除掉曹操。董承请刘备参与其事，刘备答应了，说："既是奉诏讨贼，备敢不效犬马之劳。"这是一件关系身家性命的大事，如被发觉，必被曹操处死。从此后，刘备便以韬光养晦为谋略，故意做些碌碌无为的小事，在住处的后园种菜，亲自浇灌。关羽、张飞向他："你不留心国家大事，而做这些小事，是为什么？"刘备不能明言。有一天，刘备正在后园浇菜，许褚、张辽引数十人来园中，说是丞相有命，请刘备去赴宴。刘备心中忐忑不安，不得已随他俩去见曹操。曹操见刘备后第一句话是："在家做得好大事。"刘备以为参与衣带诏密谋事发，吓得面如土色。曹操拉着刘备手，直到后园才说："玄德学圃不易。"刘备方才放心答道："无事消遣而已。"曹操拉着他走至小亭，一盘青梅，一樽酒，二人对坐，开怀畅饮。饮酒间，曹操问刘备："你久历四方，必知当世英雄都有谁？"刘备推却说："我肉眼怎能识英雄？！"经曹操再三催逼，刘备只好把那些并非英雄的人物如袁术、袁绍、刘表、孙策、刘璋、张绣、张鲁、韩遂等称为英雄。当然被曹操一一否定。刘备说："除此之外，我实在不知道。"曹操说："袁术、袁绍等人都是碌碌无为之辈。所谓英雄，一定是胸怀大志，腹有良谋，量可以包宇宙，气可以吞天下的人。"刘备问："谁能当之？"曹操以手指刘备，然后指自己说："今天下英雄，只有使君和我。"刘备本来心中有鬼，一听这话，猛然一惊，手里拿的筷子，不觉掉在地上。正巧这时，风雨骤至，雷声大作。刘备便从容低头拾起筷子说："这雷声一震三威，太可怕了。"曹操笑道："大丈夫也怕雷吗？"刘备说："圣人听见惊雷疾风，都改变颜色，我怎么能不怕呢？！"把失惊落箸的缘故，轻轻掩饰过去。曹操也因此不疑刘备。这是有名的青梅煮酒论英雄。"想不到曹操竟指我为英雄，我怕不能蒙混过关，因而失惊落箸，又怕曹操看我吃惊，识破机关，幸而这时雷声大作，我借怕雷而掩饰过去。"至此，关羽和张飞对刘备的假痴不癫、韬光养晦的谋略之才十分佩服。

由于刘备在曹操处一直扮演一个庸庸碌碌糊糊涂涂的凡夫俗子

模样，曹操逐渐对他也就放松了警惕。其后，曹操打算派兵阻拦袁术北上，刘备乘机请求承担这一任务。曹操就派他与朱灵等人领兵五万去截击袁术。曹操的谋士郭嘉急忙入见曹操说："刘备不可纵，不能放虎归山。"曹操觉得已有明令在前，不便更改。而刘备则急急离开许都。关羽和张飞问他："兄长今番出征，为什么如此迅速？"刘备说："我是笼中之鸟，网中之鱼，今此一去，如鱼入大海，鸟上青霄，不受笼网的羁绊了。"可见刘备的假痴不癫之计、政治韬晦之术，获得了成功。果然，刘备离开许都到达下邳后，不顾曹操让他返回许都的命令，突然袭击曹操委派的徐州刺史车胄，公开打出了反对曹操的旗号，曹操后悔莫及。建安五年（公元200年），董承等图谋反曹操的事件案发，在许都的同谋者，都被杀害。刘备曾参与此事，也被揭露出来。曹操大怒，对诸将说："刘备是天下雄杰，今不趁他羽毛未丰而攻之，以后必成大患。"于是决定领兵东讨刘备。

在刘备寄曹操篱下时，身处绝逆之境，如果不是用假痴不癫的韬光养晦之计，那刘备难免不遭杀身之祸。韬光养晦这一谋略的积极意义，在于实现自己的既定方针。刘备自参与衣带诏密谋后，即把消灭曹操作为自己的斗争目标。他韬光养晦，掩盖自己，是为了有朝一日消灭曹操。如果只为保护自己，虽然也有意义，但还不是实现这一谋略的真正意图。当然，消灭曹操后，恢复汉室是他的最终目的。终于刘备大勇若怯，韬光养晦，保存了自己，获得了成功。而后，刘备在诸葛亮的辅佐下，于公元221年正式称帝，国号汉，建都成都，年号章武，与魏、吴鼎足而立，形成三国鼎立的局面。否则历史就要重写了。

【点　评】

纵观天下成大事者，必善于韬光养晦，如此方能弱化对手的警惕性，给自己制造成大事的时机。

十二、要小糊涂，大精明

我们说“水至清则无鱼”，主要强调的是要成大事，对一些小事就不能太“认真”，该糊涂时就糊涂，只要不是原则问题，睁一只眼闭一只眼也未尝不可。

否则只能沦于琐碎，落于平凡，更不用说成大事、立大业了。所谓“水至清则无鱼”谈论的不是一般的清，而是“至清”。所谓“至清”者，一点杂质全都没有，这岂不是异想天开？然而，现实中更多的人往往是大事糊涂，小事反而不糊涂，特别注意小事，斤斤计较，哪怕是蝇屎之污，也偏要用显微镜去观察，用放大尺去丈量。于是，在他们的眼里，社会总是一团漆黑，人与人之间只剩下尔虞我诈。普天之下，可以与言者，也就只有“我自己”，这实际上是一种病态。

吕端是宋太宗年间的宰相，此人学士出身，肚子里有不少墨水。虽然经历了五代末期的天下战乱，人情艰苦历练不少，但仍是满身读书人的呆气，似乎是个十足的糊涂宰相。有人为此说吕端糊涂，可宋太宗赵匡胤却偏偏认为他小事糊涂，大事不糊涂，决意任命他为宰相。后来赵光义病重，宣政使王继恩害怕太子赵恒英明，做了皇帝以后会对他们这一党不利，于是串通了参知政事李昌龄、都指挥使李继熏等，密谋废掉太子，改立楚王为太子。此时，吕端到宫中看望赵光义，太宗快不行了，吕端发现太子却不在旁边，就怀疑事情有变，其中很可能有鬼，便在手板上写了“大渐”二字，让心腹拿着赶快去催太子尽快到赵光义身边来，这个“渐”字的意思就是告诉太子皇帝已经病危了，赶紧入宫侍候。等到赵光义死后，皇后让王继恩宣召吕端，商议立谁为皇帝。吕端听后知道事情不妙，他就让王继恩到书房去拿太宗临终前赐

给他的亲笔遗诏，王继恩不知是计，一进书房便被吕端锁在房中。这时，吕端便飞快来到宫中。

皇后说："皇上去世，长子继位才合情理，现在该怎么办？"意思很明显，想立长子赵元祐。吕端立即反驳道："先帝既立太子，就是不想让元祐继承王位，现在先帝刚刚驾崩，我们怎么就可以立即更改圣命呢？"皇后听了无话可说，心里只有认了。

事情到了这个地步，吕端仍不放心，他要眼见为实，太子即位时，吕端在殿下站着不拜，请求把帘子挂起来，自己上殿看清楚，认出是原先的太子，然后才走下台阶，率领大臣们高呼万岁。

吕端事先能明察阴谋，有所防范；事中能果断决策，出奇策击破奸主；事后又能眼见为实，不被现象迷惑，不仅明智，实在是功夫老到。在皇位继承的关键问题上，吕端的"小事糊涂，大事精明"体现得淋漓尽致。

我们说"小糊涂，大精明"无疑是成大事的一大智慧；假若相反的话，"小事精明，大事糊涂"，那就坏了，事情非搞砸不可。

石达开是太平天国首批"封王"中最年轻的军事将领，太平天国建都南京后，他同杨秀清、韦昌辉等同为洪秀全的重要辅臣。在天京事变中，他又支持洪秀全平定叛乱，成为洪秀全的首辅大臣。之后，洪秀全隐居深宫，将朝政全权委托给无能的洪氏兄弟，以牵制石达开，矛盾日益激化。

从当时的情形看，解决矛盾的最好办法是诛洪自代，形势的发展需要石达开那样的新的领袖。但石达开尽管在战场上战无不胜，在为人处世的修炼上却连个小学生都不如，他患得患失，斤斤计较，满口仁慈、信义，害怕落个"弑君"的骂名，这就决定了他不可能成就大的事业。

公元1857年6月2日，他选择率部出走，认为这样既可继续打着太平天国的旗号进行从事推翻清朝的活动，又可以避开和洪秀全的矛盾。

石达开率大军到安庆后，如果按照他原来“分而不裂”的初衷，本可以安庆作为根据地，向周围扩充，在鄂、皖、赣打出一个天地来。安庆离南京不远，还可以互为声援，减轻清军对天京的压力，又不失去石达开原在天京军民心目中的地位。这是石达开完全可以做得到的。但是，石达开却没有这样去做，而是决心和洪秀全分道扬镳，彻底决裂，舍近而求远，去四川自立门户。

石达开大事犯糊涂致使决策错误，所以他虽然拥有20万大军，英勇转战江西、浙江、福建等12个省，震撼半个南中国，历时7年，表现了高度的坚韧性，但最后还是免不了一败涂地。

公元1863年6月11日，石达开部被清军围困在利济堡，谋士曹卧虎献策决一死战，而军辅曾仕和则献诈降计，石达开接受了诈降。他想用自己一人之生命换取全军的安全，这又是他的决策失误，再次在大事上犯糊涂。当军中部属知道主帅“决降，多自溃败”，已溃不成军了。此时，清军又采取措施，把石达开及其部属押送过河，把他和两千多解甲的将士分开。这一个举动，顿使石达开猛醒过来，他意识到诈降计拙，暗自悔恨。

石达开被押过河后，“舍命全己军”的幻想已经彻底破灭。此后的表现倒也十分坚强，起先，清将骆秉章对他实行劝降，石达开严词以对，说：“吾来乞死，兼为士卒请命。”然而，已于事无补了。

回顾石达开的失败，主要是人事决策的错误，大事犯了糊涂。其根源是他对分裂后的前途缺乏信心。因为太平天国能打仗的名将几乎都不响应石达开的出走。他邀英王、忠王一起行动都被拒绝；赖汉英、黄文全、林启容等战将也不愿跟着石达开出走。此外，石达开出走的目的不明确，政治上、军事上都没有魄力提出新的构想和谋略，只是消极地常年流动作战。他想用不分帜来表示他对天国的忠心，但他出走的实际行动却是十足的分裂。这种不分帜、不降清、不倒戈的“忠义”形象和他出走天京的实际行动大相径庭，这种拖泥带水、患得患失的行动，决定了石达开走后不可能成就什么大事业。

【点　评】

所谓“水至清则无鱼”并不是认为可以随波逐流，不讲原则，而是说，对于那些无关大局、枝枝慢慢的小事，不应当过于认真，而对那些事关重大、原则性的是非问题，切不可也随便套用这一原则。汉代政治家贾谊说：“大人物都不拘细节，从而才能成就大事业。”